量子コンピュータが人工知能を加速する

Quantum
Annealer Accelerates
Artificial Intelligence

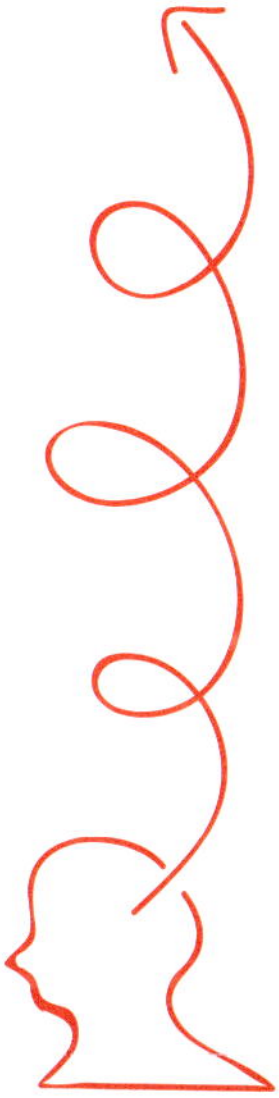

東京工業大学教授 西森秀稔
東北大学准教授 大関真之
［著］

日経BP社

量子コンピュータと人工知能の新時代が始まった

本書を手に取った方は、「量子コンピュータ」に興味があるのだろうか、それとも「人工知能」に興味があるのだろうか、もしくは両方だろうか？

量子コンピュータという言葉は、1990年代ごろから一般にも知られるようになってきた。従来型のコンピュータと比べて非常に高速なマシンとして期待されているが、その実用化にはまだあと数十年はかかるのではないかと見られていた。一方、人工知能はここ数年で大きな盛り上がりを見せていて、将棋や囲碁では人間のチャンピオンを打ち負かし、産業のさまざまな分野で活用が始まっている。

その量子コンピュータと人工知能がいったい何の関係があるのかと思うかもしれない。実は、まだ先だと思われていた「量子コンピュータ」が突然完成し、それどころか商用販売されていて、まったく別の分野だと思われていた人工知能への応用が進められようとしているのである。

商用化された量子コンピュータは、これまで開発が進められてきたものとはまったく発想が違う「量子アニーリング方式」で動いている。この量子アニーリング方式のマシンは、現時点では従来型コンピュータのように汎用的に使えるわけではないのだが、人工知能をはじめ物流や金融など広い範囲に応用できるものだ。商用化したのはカナダのベンチャー企業で、ほかにもグーグルやアメリカ政府が同じ量子アニーリング方式のマシンの開発に莫大な投資をするなど、北米で大きなうねりが生じている。

本書では、新しい方式の量子コンピュータがどのようにして動き、どんな計算を行っているのか、そしてどうやって人工知能に応用できるのかについて、専門知識がない人でもなるべく理解しやすいように解説する。また、北米で大きな盛り上がりを見せている量子アニーリングだが、実はその原理を提唱したのも基本的な要素技術を開発したのも日本の研究者だ。そこで、日本の研究者がどのような貢献をしてきて、これから世界的にもどう活躍できるのかという点にも光を当てていく。

本の構成について、簡単にまとめておこう。

第1章は、グーグルとNASAが新しい量子コンピュータについて「従来型コンピュータよりも1億倍高速」という記者発表を行ったところから話を始める。この量子コンピュータがどのようにして計算を行い、どんな風に社会に役立つのか、どんな人たちが開発したのかについて概観する。

第2章は、量子コンピュータを開発したカナダのベンチャー企業について取り上げる。理論物理を学んでいた創業者が、どのようにしてイノベーションを起こしたのか、さらに性能を出すためには何が課題かなどをまとめる。

第3章は、量子コンピュータで計算を行う原理と、それがどのようにして人工知能の開発に応用できるのかについて紹介する。量子コンピュータでは「量子ビット」を使って問題を表現する。しかも、従来型コンピュータで解くと時間がかかる「組み合わせ最適化問題」を、効率よく処理できる可能性を持っている。それが、人工知能の基盤技術となる「機械学習」、とりわけ注目を集める「ディープラーニング」で力を発揮する仕組みについて述べる。

第4章は、量子アニーリング方式の量子コンピュータが実際に利用されることで、社会がどのように変わっていくかについての展望をまとめる。量子アニーリングマシンの利用がすでに始まっている分野もいくつかある。そんな現状を紹介したのちに、人工知能に応用されて社会が大きく変わるかもしれない未来について考えてみよう。

第5章は、量子コンピュータをより理解するための「量子力学」の基礎知識や、要素技術の開発の歴史などを振り返る。量子力学の世界は、物質が「粒子」と「波」の両方の性質を持っていたり、「0」と「1」が同時に重ね合わされた状態が成立したりと、我々の日常生活の常識からかけ離れている。その一端に触れてもらいたい。

第6章は、量子アニーリング方式の量子コンピュータを実現した、基礎研究から実用化へのジャンプについて深掘りし、そこから日本が進むべき道について考えてみたい。

量子コンピュータと人工知能というと、いずれも「難解なもの」という印象を抱く人が多いだろう。だが本書を読むと、その「2つの重ね合わせ」に大きなフロンティアが広がっていることが実感できるはずだ。一歩踏み出して、読み進めていってもらいたい。

量子コンピュータが人工知能を加速する 目次

第1章

「1億倍速い」コンピュータ

グーグルとＮＡＳＡの発表

２０１５年12月8日、アメリカのシリコンバレーにあるＮＡＳＡ（航空宇宙局）のエイムズ研究センターで、歴史的な記者会見が開かれた。

会見に臨んだのは、ＮＡＳＡに加え、ＵＳＲＡ（大学宇宙研究連合）、そしてグーグルだ。彼らは、カナダのＤ‐Ｗａｖｅシステムズ（以下、Ｄ‐Ｗａｖｅ）の「量子コンピュータ」を2年にわたって運用し、性能のテストを行ってきた。その結果を発表したのである。

「Ｄ‐Ｗａｖｅの量子コンピュータは、従来のコンピュータに比べて、１億倍高速である」

この衝撃的な内容を、専門媒体[1]はもとよりワシントン・ポスト[2]などの一般紙も報じることになった。

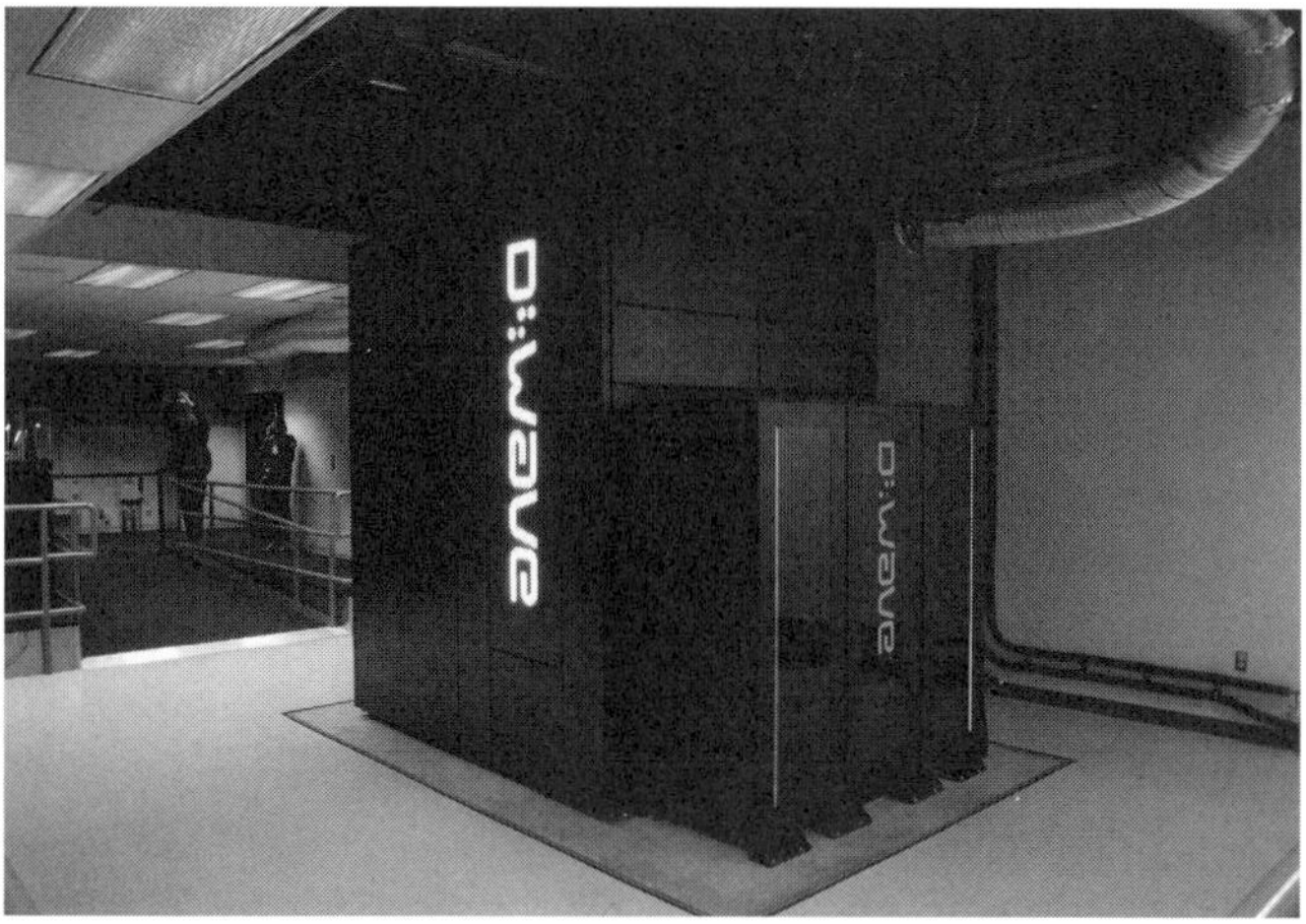

NASAの施設内に設置されたD-Waveシステムズの量子コンピュータ（撮影：中田敦＝日経コンピュータ）

「1億倍高速」ということは、単純に計算すると、従来のコンピュータで1億秒かかるものが量子コンピュータなら1秒で終わるということになる。1億秒とは、約3年2カ月に相当する。実際には、計算の速さは解きたい問題によるので、このような単純化はできないのだが、これまでだったら膨大な時間やコストをかけて計算していたものが、一瞬で計算できる場合があるということだ。驚くべきマシンが登場したことは間違いない。

　量子コンピュータは1980年代に考案され、開発が進められてきたが、実現するのは早くて21世紀の後半ではないかと言われていた。それが数年前、D-Waveが商用の量子コンピュータの発売を開始し、そしてNASAやグーグルによってその性能が明らかになったというわけだ。

コンピュータは、「0」と「1」というデジタル信号によって処理が行われていることが広く知られている。「0」と「1」は、例えば電気信号の電圧の「高い・低い」によって表現される。そして、CPU（中央処理装置）などでは、半導体によって作られる「論理ゲート」が、「0」と「1」の信号の入力に対して出力を返すことで計算が行われる（139ページ参照）。「0」と「1」のことを「ビット」という。

量子コンピュータは、量子力学の特徴を生かし、「0」と「1」の両方を重ね合わせた状態をとる「量子ビット」を使って計算をする装置だ。「0」と「1」を重ね合わせた状態とは、「0であり、かつ1である」状態ということだ。これは私たちの直感に反するが、私たちの常識が通用しないのが量子力学の世界なのだ。

量子ビットを使って計算する装置とは、量子ビットを操作する論理ゲートを組み合わせて計算する装置のことだけを従来は意味していた。量子力学的な現象を利用しながら、従来型のコンピュータの計算方法を拡張しようとしていたとも言える。従来型コンピュータは、性能が次第に頭打ちに達してきたので、より高性能な量子コンピュータの開発が期待されているのだ。

だが、そのような量子コンピュータは、製造技術上の困難から、実現はまだ何十年もかかると考えられていた。それが、まったく新しい方式の量子コンピュータが開発され、カナダのメーカーが商用化までしたのである。

長年、研究が続けられていた量子コンピュータが「量子ゲート（量子回路）方式」と呼ばれるのに対して、ここ数年で突然商用化された量子コンピュータは「量子アニーリング方式」と呼ばれている。[3] 量子ゲート方式とはまったく異なる方法で計算を行うのが、量子アニーリング方式である。そのため、商用化されたというニュースから最近の報道に至るまで、「いったい量子アニーリングとは何なのか？」という声が、メディア関係者をはじめ、興味を持った一般の方々からもあふれていた。

本書の筆者の一人である西森秀稔は、この「量子アニーリング」の発案者である。これまでさまざまなメディアに登場して、新しい量子コンピュータを動かしている量子アニーリング方式の仕組みや意義について解説してきた。ところが、量子コンピュータは専門家以外にはなかなか難しい。そのため、専門知識のない方でも理解できるよう、なるべく一般向けにかみ砕いて解説するために本書を執筆することになった。

また、量子アニーリング方式の量子コンピュータが注目されているのは、それが「人工知能」に応用できるという期待によるところが大きい。人工知能の実現、それに向けた研究開発は、今後社会に大きなインパクトを与えることが期待されている。その人工知能の性能を高め、応用を大幅に加速させる可能性を、この新しい量子コンピュータは秘めているのだ。特に量子アニーリング方式の量子コンピュータは、人工知能の実現に欠かせない「機械学習」の進化の引き金を引くかもしれない。

そのため、かつて西森研究室で学び、現在は人工知能や機械学習にまで研究分野を広げている大関真之を共著者とした。人工知能についても、専門知識がなくてもなるべく理解できるよう、わかりやすく説明することを心掛けた。

組み合わせ最適化問題を解く量子コンピュータ

D-Waveの量子コンピュータは、従来のコンピュータと比べて常に1億倍高速な性能を示すというわけではない。ある特定の問題を解いたときに1億倍高速であるという結果が出たのだ[4]。

従来のコンピュータは、非常に多種多様なことができる。例えば本書を書くためには、コンピュータでワープロソフトを使っており、ときどきブラウザでインターネットを検索して調べものをしている。またそのインターネットの先では、グーグルのデータセンターで膨大な数のコンピュータが検索のための処理を実行している。これらのコンピュータは、あらゆる目的で使えるという意味で「汎用的」[5]である。

これに対してD-Waveの量子コンピュータは、ある特定の目的でしか使えない。その特定の目的とは、「組み合わせ最適化問題」を解くというものである。つまり、グーグルやNASAが発表したのは、ある組み合わせ最適化問題を解いたときに、D-Waveの量子コンピュータが従来のコンピュータと比べて1億倍高速だったということなのだ。

それでは、組み合わせ最適化問題とは何か。多くの人にとっては聞きなれない言葉だろう。だが、実は私たちの生活の周りには組み合わせ最適化問題があふれている。しかも、従来のコンピュータは、この組み合わせ最適化問題を解くことを苦手としているのである。

例えば、宅配便のドライバーがどのようなルートで荷物を届けていけばいいのか、という問題がある。私たちは日々、宅配便で荷物をやり取りしている。インターネットで注文した商品を届けてくれるのは宅配便のドライバーだ。そのドライバーが1日に回らなければならないポイントが5カ所あるとすると、すべてのルートの組み合わせは120通りになる。それぞれのルートについて走らなければならない距離を計算すると、120通りの中から最短距離となるルートが見つかる。これが、回らなければならないポイントが10カ所だとすると、すべての組み合わせは約360万通りになる。ポイントが増えると、あっという間にその組み合わせが膨大な数になるのだ。15

組み合わせ最適化問題の例

（巡回セールスマン問題）

宅配便のドライバーが複数の訪問地をどのようなルートで回ると距離が最も短くなるか（コストが最も低くなるか）。

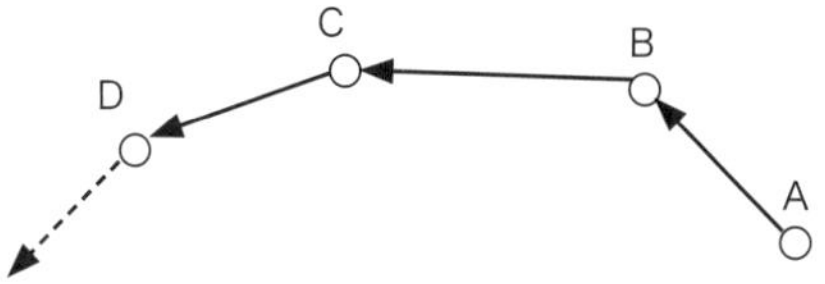

訪問数	ルート組み合わせ	計算時間*
5	120	1.2×10^{-14} 秒
10	360 万	3.6×10^{-10} 秒
15	1 兆 3000 億	0.00013 秒
25	1.6×10^{25}	49 年
30	2.7×10^{32}	8.4 億年
⋮	⋮	⋮

スーパーコンピュータでも計算が終わらない

＊スーパーコンピュータ「京」で 1 秒間に 1 京（10^{16}）回計算した場合。各ルートを総当りで計算する。

カ所回るとすると、すべての組み合わせはなんと1兆3000億通りを超える。

それでは、高速なコンピュータでこれら多数の可能性をしらみつぶしに調べるとどうなるのだろうか。スーパーコンピュータ「京」は、1秒間に1京回計算ができる。1京とは1兆の1万倍だ。回るポイントが15カ所なら計算は一瞬で終わるが、ポイントが30カ所だとすると、すべての組み合わせはおよそ1京の1京倍になり、「京」で計算してもおよそ8億年かかるのである。これはつまり、どんなに高性能な従来型コンピュータを使っても計算が終わらないということを意味する。

これは、「巡回セールスマン問題」として知られる組み合わせ最適化問題だ。訪れるポイントが増えるにつれてルートの組み合わせが爆発的に増加し、従来のコンピュータでは計算が困難になる。そのため、最も距離が短くてすむ（最もコストが低い）組み合わせを見つけるのをあきらめて、それになるべく近い答えを従来型コンピュータで計算するというのが現実的な方法になる。

人工知能をはじめ多様な分野で応用が可能

組み合わせ最適化問題におけるベストの答えを「厳密解」という。実際には、厳密解を求めるのは難しいので、なるべくそれに近い「近似解」を計算している。ところが、D-Waveの量子コンピュータは、いわば「組み合わせ最適化問題を専門に解くマシン」であり、従来のコンピュータでは厳密解を計算できなかった問題でも、厳密解を見つけたり、より厳密解に近い近似解を計算したりする可能性を持つのである。

組み合わせ最適化問題にしか使えないとなると「応用範囲が狭い」と思うかもしれないが、実際にはそうではない。現実の社会には、組み合わせ最適化問題が非常に多く存在する。

例えば、先ほどの巡回セールスマン問題を大規模にしていくと、あらゆるクルマのルートを最適化できる。自動運転技術とカーナビゲーションシステムを組み合わせれば、世界中の交通渋滞を大きく緩和することが可能になるかもしれない。世界規模でトラックや船舶や飛行機による物流の最適化を行えば、節約できる燃費や時間などのコストは計り知れない。わずか数％の精度向上でも、環境に与える負荷が大幅に削減される。

また、医薬品メーカーであれば、大きな分子の構造の分析に応用できる。大きな分子の構造は、医薬品の効果を左右する。その構造を分析するために、組み合わせ最適化問題を使うことができるのだ。これまでよりも薬効の高い医薬品の開発に、量子コンピュータを利用できる可能性がある。

そして今、大きく期待されているのが人工知能への応用だ。ロボットが人間のように判断し、人間を上回る能力を発揮できるかどうかが注目されている。やがて人工知能が人間の仕事を奪うのではないかという議論もある。その人工知能を開発するには、「機械学習」という技術が欠かせない。機械学習の処理では、どの要素が重要な役割を示すのかを判別する「変数選択」やデータがどのグループに分類されるのかを判別する「クラスタリング」など、組み合わせ最適化問題を含むものが多い。

現状では、組み合わせ最適化問題そのものを解くには非常に時間がかかるために、ある程度妥協をした解決方法を採用している。そのため量子コンピュータによって、これまでよりも性能が高い、より人間に近い判断を実現する人工知能を作ることが期待されているのである。さらに機械学習の手法として注目を集める「ディープラーニング[6]（深層学習）」を行う上で必要となる「サンプリング」にもD-Waveの量子コンピュータが有用であることが、最近急速に注目されるようになってきている。組み合わせ最適化問題を解く専用マシンとしての側面から、さらに別の顔をみせるようになりつつあるのだ。一言でいえば、人工知能のためのソフト上の技術である機械学習を支える次世代ハードの有力候補というわけである。

D-Waveの量子コンピュータは、組み合わせ最適化問題を解くための専用マシンであり、機械学習に有用なサンプリングも行えるとされているが、いずれにしてもその用途は限られている。一方でこれまで開発されてきた「量子ゲート方式」の量子コンピュータは、従来のコンピュータのように「汎用的」に使うことを目的としている。ところが実際には、D-Waveマシンのように商用化される段階にはほど遠いのが現状だ。

量子ゲート方式のマシンが商用化に至らないのは、ハードの開発の難しさによるものである。しかし、それとは別にソフト（アプリケーション）の問題も解決する必要がある。量子ゲート方式の量子コンピュータを動かすにはアルゴリズムを用意しなければならない。現在、社会的なインパクトを持つ高速アルゴリズムは、因数分解や量子シミュレーションなどいくつか知られているが、さらなる開発が必要な状況にある。なお、量子シミュレーションは、医薬品の開発などを目的とする「量子化学計算」に有効であることから、ＩＢＭなどの大企業も開発を進めている。

なお、量子アニーリング方式でも、少しやり方を拡張すれば「汎用化」でき、原理的にはどんな計算でもできることがわかっている。[7] さらに、同じ拡張により、ある種の組み合わせ最適化問題が大幅に高速に解ける可能性が指摘され[8]、ハード上での実現可能性の検討も含めて研究が活性化している。

コンピュータではなく「実験装置」

それでは、D-Waveが開発した量子コンピュータとは、いったいどういうものなのだろうか。実は、D-Waveマシンは従来のコンピュータとはまったく異なる構造をしている。CPUなどのプロセッサ（処理装置）、メモリー、ハードディスクなどの外部記憶装置は存在しない。あえていえば、コンピュータというより「実験装置」である。

実験というと、中学や高校の理科の時間を思い出すかもしれない。ガスバーナーやビーカー、電流計や電圧計といった実験器具を使っていたであろう。大学の研究室や企業の研究所では、それよりももっと大掛かりな実験装置を使う。実験装置の特徴は、特定の目的のために作られ、汎用性がないこと。そして、実験の設定、実施、測定、集計、考察というプロセスを経ることである。これらはそのままD-Waveマシンにも当てはまる。

従来のコンピュータの心臓部がプロセッサだとすると、D-Waveマシンの心臓部は量子ビットを実装する「超伝導回路」になる。超伝導とは、特定の金属や化合物を非常に低い温度に冷却したときに電気抵抗がゼロになる現象のことである。D-Waveマシンでは、ニオブという金属で作ったリングを超伝導状態にして、そのリング内を走る電流の向きにより量子ビットを実現している。

グーグルやNASAが徹底的にテストしたのは、「D-Wave 2X」という名前の量子コンピュータだ。価格は、約15億円と言われている。リース契約でも年に1億円以上はかかるだろう。見た目は巨大な黒い箱で、縦、横、高さいずれもおよそ3メートルの大きさだ。この黒い箱の中には、銀色に輝く「希釈冷凍機」があり、その内側に心臓部である超伝導回路が収められている。超伝導回路が希釈冷凍機の中にあるのは、絶対零度（摂氏マイナス273・15度）に限りなく近くなるまで冷やす必要があるためだ。そして、超伝導回路により実現している量子ビットの数は1000以上になる。

D-Wave 2Xの消費電力は25キロワット[9]で、そのほとんどが希釈冷凍機で超伝導回路を冷やすために使われている。25キロワットというと、スーパーコンピュータ京のおよそ500分の1だ。

このD‐Waveマシンを導入したのは、グーグルとNASAのほかに、航空機などの開発製造企業であるロッキード・マーティンと南カリフォルニア大学、それにロスアラモス国立研究所である。さらに、直接導入しないまでも、D‐Wave社内のマシンをクラウドで使っているユーザも少なからずいるという。並外れた研究開発実績を持つ企業や研究所が次々に導入しているのは、大きな期待を抱かせる何かがあるに違いない。

「量子アニーリング」とは何か

それでは、「量子アニーリング」とは何であろうか。そして、なぜ量子アニーリングを利用したD‐Waveマシンがある種の組み合わせ最適化問題を高速に解くことができるのであろうか。

量子アニーリングとは、「自然現象を借用したアルゴリズム」の一つだ。このようなアルゴリズムは、従来型コンピュータでも組み合わせ最適化問題を解くために使われている。巡回セールスマン問題ですべてのルートの組み合わせを総当たりで計算していくといたずらに時間がかかってしまうが、うまいアルゴリズムを使うと効率よく計算できる。そのような自然現象を借用したアルゴリズムの仲間では、「遺伝的アルゴリズム」や「シミュレーテッド・アニーリング（疑似焼きなまし法）」がよく知られている。

実際に従来型コンピュータで組み合わせ最適化問題を解くためによく使われるのは、シミュレーテッド・アニーリングだ。これは、金属を高温にしてからゆっくり冷やしていくと構造が安定するという「焼きなまし（アニーリング）」という現象を借用したものだ。従来型コンピュータで焼きなまし現象をシミュレートすることで、組み合わせ最適化問題の近似解を得ることができる。

本書の筆者である西森は、１９９８年に当時大学院生だった門脇正史と一緒に論文[10]を発表し、「量子焼きなまし現象」である量子アニーリングによる最適化問題の解法を提唱した。その上で、シミュレーテッド・アニーリングよりも量子アニーリングのほうが、より高速に、より高い確率で解が得られる例があることを示した。

西森は、「情報統計力学」という、さまざまな物理現象を応用する情報処理の仕組みを研究する課題に取り組んでいた。試行錯誤を繰り返す中で思いついたのが、量子焼きなまし現象を借用した量子アニーリングだった。ただ、量子アニーリングもアルゴリズムの一つとして、組み合わせ最適化問題を解くために従来型コンピュータでシミュレートするために使うものだと考えていた。

ところが、量子焼きなまし現象を実際に発生させてしまうハードウェア（実験装置）を作ってしまった人たちが現れた。それがカナダのD-Waveである。

カナダのベンチャーによる挑戦

D-Waveは、ジョーディー・ローズらによって創業されたベンチャー企業である。[11] ローズは、ブリティッシュ・コロンビア大学の大学院にいたころに量子コンピュータの話に出会ったが、自分では研究の道には進まず起業を選んだ。量子コンピュータについて研究するのではなく、量子コンピュータを開発し製造販売する会社を作ろうと考えたのだ。

当時、量子コンピュータといえば「量子ゲート方式」だった。ローズも、量子ゲート方式の量子コンピュータを開発しようと考えていた。だが、量子ゲート方式は外部のノイズの影響を受けやすく、ひどく不安定という問題があり、作れたとしても数個の量子ビットのシステムだった。ニオブによって作られた小さなリングの回路で量子ビットを作るという方法を試したが、これでもローズが求めているような数百、数千の量子ビットのコンピュータの実現には程遠かった。

そこで方向を変えて、従来の量子ゲート方式ではない量子コンピュータを作ることにした。こうして、量子アニーリングを実行するハードウェアとしての量子コンピュータにたどり着いたのだ。

２００７年、Ｄ-Ｗａｖｅは量子ビットが16個あるシステムの開発に成功した。

そして２０１１年には１２８個の量子ビットのシステムを「Ｄ-Ｗａｖｅ Ｏｎｅ」

カナダD-Waveシステムズのオフィスと、彼らが開発したチップ（D-Waveシステムズ提供）

として発売。2013年には512個の量子ビットの「D-Wave Two」を実現した。

さらに、2015年には、グーグルとNASAが運用していたシステムを「D-Wave 2X」へとアップグレードし、利用できる量子ビットの数が512個から1000個以上へと大幅に増加した。

このように、順調に開発が進んでいるように見えるD-Waveだったが、一方で「本当に量子コンピュータなのか」と怪しまれてもいた。量子ゲート方式の量子コンピュータは、数個の量子ビットの組み合わせしか完成していないのに、なぜD-Waveは数百以上もの量子ビットを安定的に動作させることができるのか、というわけだ。だがさまざまな検証がなされた結果、現在ではD-Waveマシンは量子力学の現象を利用して計算を行う装置であることは間違いないと思われている。量子アニーリング方式は、量子ゲート方式に比べて安定性が格段に高いのである。

量子ビットに「横磁場」をかける

それでは、D-Waveマシンはどのように計算をしているのだろうか。ニオブ製の小さなリングの回路が量子ビットとなり、「量子焼きなまし現象」をそのまま実現するのであるが、これはつまり従来のコンピュータとはまったく異なる方法で計算を実行しているということだ。

量子ビットは、「0」と「1」を重ね合わせた状態を持つ。つまり、「0」であり、かつ「1」である状態だ。ニオブ製の小さな回路を絶対零度近くまで冷やすと、右回りの電流と左回りの電流が同時に存在する状態になる。これが、2つの状態の重ね合わせになっていることの意味だ。例えば、ループに左向きの電流が流れているのを「1」とするならば、その逆に右向きの電流が流れているのが「0」となる。「0」を上向きの矢印で、「1」を下向きの矢印で表したりもする。

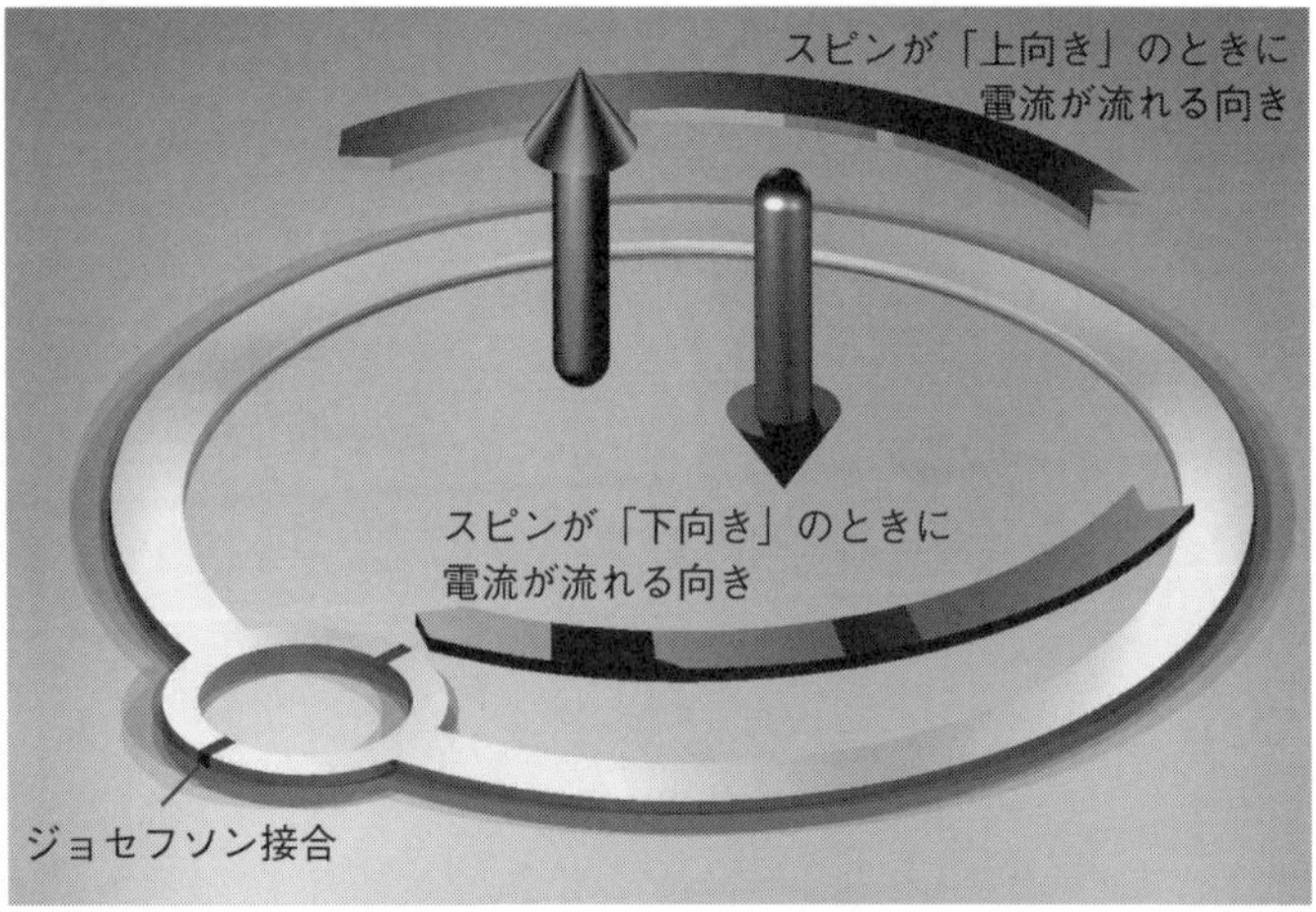

D-Waveが開発したニオブ製のループには超伝導状態のときに右回りと左回りの電流が同時に存在する。Johnson et al. *Nature* 473, 194–198 (2011)

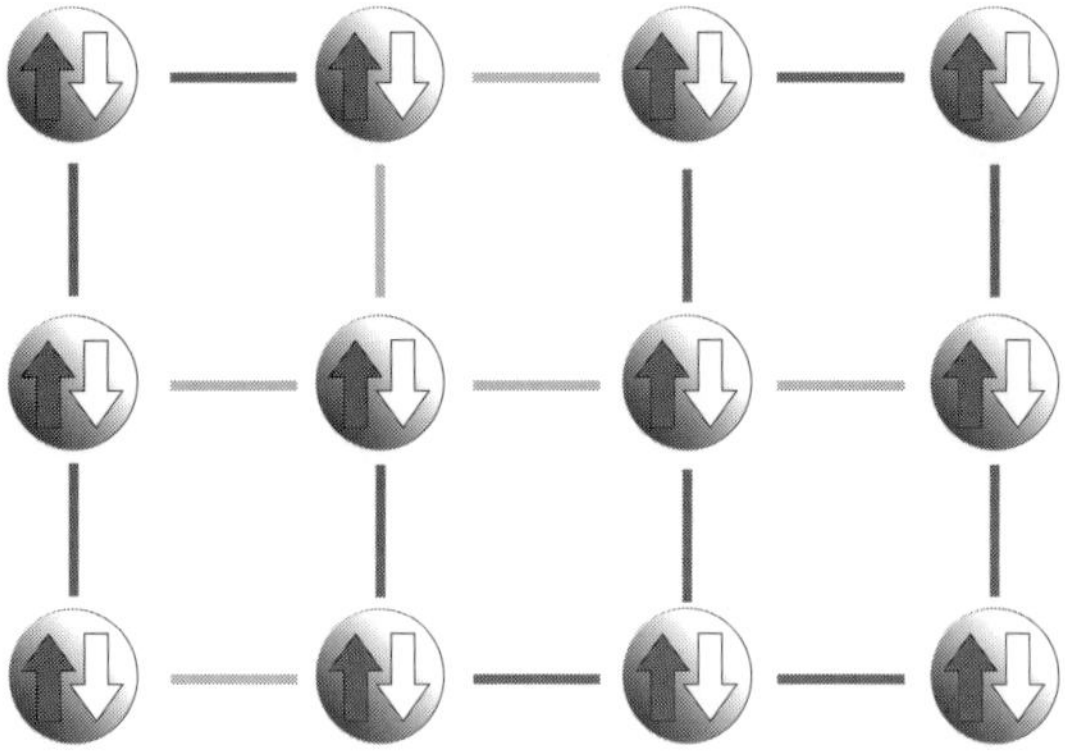

「イジング模型」によって最適化問題を解くには、量子ビットの間に影響の及ぼし合い（相互作用）を導入する。上向きの矢印が「0」を、下向きの矢印が「1」を表している。

このような量子ビットを利用して組み合わせ最適化問題を解くのであるが、このままでは計算できない。組み合わせ最適化問題を「イジング模型」で最もエネルギーが低い状態（基底状態）を探す問題に書き換える必要がある。

イジング模型とは、量子ビットのように「0」と「1」という2つの状態を持つものが格子状に並んでいる様子をモデル化したものだ。イジング模型では、近くにある格子点上の量子ビットの間の影響の及ぼし合い（相互作用）を導入する。つまり、ある量子ビットが「0」になるか「1」になるかは、近くの量子ビットが「0」か「1」かによって影響を受ける。その量子ビットがどの量子ビットから「どの程度影響を受けるか」という重み付けを調整することで、イジング模型をさまざまな組み合わせ最適化問題にうまく対応させるのである。

つまり、D-Waveマシンで組み合わせ最適化問題を解くには、まず使用する量子ビットの数を選び、それぞれが互いにどの程度の影響を与え合うかを、解きたい最適化問題に応じて設定する。近くの量子ビットが「0」のときに自分がどの程度「0」になりたがるのか、もしくは逆に「1」になりたがるのかを、問題に応じたパラメータとして決めていくのだ。

ここまでの説明が現実離れしていて、理解するのが難しいと感じる人も多いだろう。量子ビットは3章および5章で、イジング模型については3章で改めて解説するので、ここでは量子ビットがそれぞれ相互作用しながら「0」と「1」のどちらかの値をとるシステムだと考えてもらいたい。

そして、ここからの話はさらにぶっ飛んでくる。量子アニーリングによる計算は、まず量子ビットが「0」と「1」の重ね合わせ状態からスタートする。しかも、量子ビット間の相互作用はすべてゼロにしつつ、「横磁場」と呼ばれる制御信号をかける。こうすると、量子ビットは同時に上下どちらにも向きやすくなり、「0」と「1」が同時に存在する奇妙な状態が実現する。

そして横磁場をだんだん弱くするとともに、量子ビット間の相互作用を強くする。こうすると、それぞれの量子ビットは、次第に上か下かどちらか決まった方向を向くようになる。そして、横磁場がゼロになるころには、それぞれの量子ビットがはっきりと「0」か「1」のどちらかになっており、その結果が、組み合わせ最適化問題の解を表しているのである。

「量子トンネル効果」が答えを導く

ここまでの説明を読んで、なぜD-Waveマシンで組み合わせ最適化問題が解けるのか、スムーズに理解できた読者はあまり多くないかもしれない。特に、横磁場というのは何のことなのかどうもよくわからないだろう。だが、横磁場をかけて「0」と「1」が同時に存在する状態を作るのが量子アニーリングの特徴であり、そのおかげで効率よく解が手に入るのである。細かなところはともかく、この点だけは覚えておいてほしい。

横磁場をゼロにするまでの時間が長ければ長いほど、正しい解が得られる可能性が高まる。だが実際には、現状の技術で量子ビットが「0」と「1」を同時に実現できる時間の限界との兼ね合いなどから、数十マイクロ秒で計算を切り上げている。その代わりに、同じ作業を何千回も繰り返し、最も良い値を「解」とみなす。そのため、厳密解ではなく近似解となる可能性もけっこうあるのだ。

先ほど、組み合わせ最適化問題をイジング模型の基底状態を探す問題へと変換すると述べたが、基底状態というのは「エネルギーが最も低い状態」のことである。横磁場をかけるのは、「量子トンネル効果」により効率よくエネルギーが最も低い状態を探り当てることを期待しているのだ。横磁場の代わりに「確率的な探索」によって良い解を探す「シミュレーテッド・アニーリング」というアルゴリズムでは、組み合わせ最適化問題の内容によっては、エネルギーが最も低い解ではなく、エネルギーがそこそこ低い、中途半端な解になってしまう可能性が高くなる。量子アニーリングだと、その弱点を量子トンネル効果で克服することができるのだ。

なぜ量子アニーリングが効率よく組み合わせ最適化問題を解けるのか。D-Waveマシンがどのようにそれを実現しているのか。またそれが人工知能にどのように応用されるのか。こういったことを、今後の章で一つずつ述べていく。まず次の章では、D-Waveが量子コンピュータを開発していった経緯を振り返りながら、量子アニーリングがどのようなものなのかについて、改めて解説していく。

1 「Ｄ-Ｗａｖｅの量子コンピュータは「1億倍高速」、ＮＡＳＡやＧｏｏｇｌｅが会見」ＩＴｐｒｏ、２０１５年12月9日 http://itpro.nikkeibp.co.jp/atcl/news/15/120904017/

2 "Why Google's new quantum computer could launch an artificial intelligence arms race" *The Washington Post*, December 10, 2015.
https://www.washingtonpost.com/news/innovations/wp/2015/12/10/why-googles-new-quantum-computer-could-launch-an-artificial-intelligence-arms-race/

3 量子ゲート方式だけが、従来のコンピュータを拡張したものという意味で、量子コンピュータと呼べるとする考え方もある。本書では、計算処理のソフト上で量子力学を使っているという意味で、どちらの方式であっても「量子コンピュータ」と呼んでいる。なお、24ページでも述べるように、量子アニーリングでもやり方をいくぶん拡張すれば、理論的には量子ゲート方式と同等の機能を持たせられることがわかっているので、両者の境界は原理的にはほとんど存在しない。ただ、実際のハードウェアやアルゴリズムの開発方法、さらに用途などは、どちらのプラットフォームを基盤とするかによってまったく違ってくる。

4 Vasil Denchev et al. "What is the computational value of finite-range tunneling?" *Phys. Rev.* X 6, 031015 (2016).

5 専門用語では「万能」という。

6 人工知能の研究者である東京大学の松尾豊准教授は、ディープラーニングは「人工知能50年来のブレークスルー」と述べている。
『人工知能は人間を超えるか ディープラーニングの先にあるもの』松尾豊著、ＫＡＤＯＫＡＷＡ（２０１５年）

7 Jacob D. Biamonte and Peter J. Love, "Realizable Hamiltonians for universal adiabatic computers", *Phys. Rev.* A 78, 012352 (2008)
Tameem Albash and Daniel A. Lidar, "Adiabatic quantum computing", arXiv:1611.04471 (2016)

8 Hidetoshi Nishimori and Kabuki Takada, "Exponential enhancement of the efficiency of quantum annealing by non-stoquastic Hamiltonians", arXiv:1609.03785 (2016)

9 Ｄ-Ｗａｖｅ ２Ｘの広報資料より
http://www.dwavesys.com/sites/default/files/D-Wave%202X%20Tech%20Collateral_0915F_0.pdf

10 Tadashi Kadowaki and Hidetoshi Nishimori, "Quantum annealing in the transverse Ising model" *Phys. Rev. E,* 58(5), 5365-5363 (1998)

11 Ｄ-Ｗａｖｅシステムズの経営陣の情報はこちら
http://www.dwavesys.com/our-company/leadership

第2章

量子アニーリングマシンの誕生

D-Waveとは何者か

本書の筆者である西森が、当時大学院生だった門脇とともに1998年の論文で発表した「量子アニーリング」は、紙とエンピツと小さなパソコンを使って考え出した理論だ。自然現象を借用したアルゴリズムであり、ある種の組み合わせ最適化問題を従来の方法よりも効率的に解くことができる。

そんな量子アニーリングを使うためには、従来型コンピュータによって量子アニーリングをシミュレートすればよいと考えるのが自然な流れだ。ところが、量子アニーリングをハードウェア上で直接実現する装置を作るベンチャー企業が現れた。それがカナダのD-Waveである。

確かに、量子アニーリングの現象をそのまま実現することができたら、さらに効率的に問題が解けるだろう。しかも、量子力学の現象をアルゴリズム上で直接利用して

D-Waveシステムズの創業者、ジョーディー・ローズ（D-Waveシステムズ提供）

いるので、「量子コンピュータ」と呼んでいいものだろう。だが、机上の理論をハードウェアで実現しようという発想は、非常にイノベーティブで、筆者には思いつかなかった。

それでは、カナダのD-Waveとはどのような会社なのだろうか。

1999年、ブリティッシュ・コロンビア大学の大学院で物理学を学んでいたジョーディー・ローズを中心としてD-Waveが設立された。ローズはパワーリフティングやビーチバレー、柔道などで数々のタイトルを持つスポーツマンでもある。

ローズは、量子コンピュータの原理に

ついて書かれた『量子コンピューティング――量子コンピュータの実現に向けて』[1]という本に出会い、その内容に感銘を受けた。また、起業論の講義を聞いて刺激を受け、その起業論の講義を担当していた教授から資金の提供を受けてD-Waveを設立したのである。量子コンピュータが実現できるかどうかほとんど未知数だった時期に、量子コンピュータを開発する会社を立ち上げたのだ。

「D-Wave」という社名は、彼らが初めて取り組んだ量子ビットが「d波超伝導体」を使用していたことにちなんでいる。d波超伝導体とは「高温超伝導体」のことで、彼らは高温超伝導により量子ビットを実現しようとしていたのだが、それはかなわなかった。

ローズたちは当初、量子コンピュータに関する「知的財産」に投資する事業を目指したが、そういったものはまだほとんどないことに気づき、自ら開発する道を模索し始めた。しかし、なかなかうまくいかなかった。それもそのはず、当時唯一の方式だと考えられていた「量子ゲート方式」の量子コンピュータの実現には、大きな壁が立ちはだかっていたからだ。

ファインマンの構想

量子コンピュータの構想を初めて提唱したのは、著名な物理学者であるリチャード・P・ファインマンであった。ファインマンは1965年に、量子力学の「くりこみ理論」の業績で朝永振一郎らとともにノーベル物理学賞を受賞している。ユーモラスな語り口のエッセイでも有名だ。その彼が指摘したのは、世の中のすべてのものは量子力学に従って動いているのだから、量子力学の原理をうまく使って動くコンピュータを作れば、いろいろなシミュレーションが効率よくできるはずだ、ということである。

さらに、最近になって量子力学的な現象によって計算を行うコンピュータが大きな注目を集めるようになった背景には、従来型コンピュータの性能の限界という問題がある。私たちが日頃、使っているコンピュータは、半導体素子の加工プロセスを微細化することで性能を上げてきた。加工プロセスが微細化するということは、集積密度が上がるということだ。そして、半導体の集積密度は18カ月で倍増するというのが、かの有名な「ムーアの法則」[2]だ。半導体大手メーカーのインテルを創業した一人であるゴードン・ムーアが経験則に基づいて1965年に示したこの法則は、これまでのところ的中してきたのだが、いよいよその限界が見えてきたのである。

微細化には自ずと限界がある。コンピュータのチップを作るために基板上に描く線は、物質を構成する原子より細くすることはできない。微細化が進むにつれて従来型コンピュータの性能の向上が限界に達してきたことを多くの人が実感するようになってきたのだ。

もう一つ、量子コンピュータの分野に多くの研究者が殺到した出来事がある。それは、1994年にピーター・ショアが大きな数を量子計算で素因数分解するための高速アルゴリズムを発見したのだ。[3]これは、現在インターネット上で広く利用されている暗号が量子コンピュータによって解読されてしまうことを意味する。

現在インターネット上の取引などで使われている「RSA暗号」は、大きな素数をかけ合わせてできた数を、素因数分解して元の素数を求めることが非常に困難であることを利用している。ところが、ショアのアルゴリズムを量子ゲート方式の量子コンピュータで走らせると、その素数が容易に求められるのである。

だが、その量子コンピュータを実現するのは困難を極めている。「量子ゲート方式」の量子コンピュータは、従来型コンピュータのプロセッサで使っている「ビット」を量子ビットで作り、それを組み合わせることで計算を行う。ところが、量子ビットは「0」と「1」を重ね合わせた状態を作らなければならないのだが、この重ね合わせはごくわずかなノイズなどで簡単に壊れてしまうのだ。

こうしたやっかいな問題のために、量子ゲート方式では数個以上の量子ビットを組み合わせたシステムは作れなかった。こうしてローズの「量子コンピュータを製造して販売する」という野望を達成するためには、安定して動作する量子ビットを作成するという難題をクリアしなければならなくなったのである。

超伝導で量子ビットを実現

量子ビットが「0」と「1」の重ね合わせを保っていられる時間のことを「コヒーレンス時間」という。計算を実行するためには、なるべくこのコヒーレンス時間を長くする必要がある。だが、重ね合わせ状態はとても不安定で、熱や電磁波などの影響を受けてすぐに壊れてしまう。まずは安定していて扱いやすい量子ビットを開発する必要があった。

ローズは、2003年にエリック・ラディジンスキーと出会い、画期的な方法を知る。ラディジンスキーは超伝導量子干渉計（SQUID）を研究していて、ニオブ製の小さなリングを絶対零度近くまで冷やしてその性質を調べていた。彼はニオブの微小リングを超低温にすると、右回りの電流と左回りの電流が量子力学的に同時に発生した重ね合わせの状態になることを見つけた。安定して動作する量子ビットの候補が見つかったのだ。

ローズとラディジンスキーはニオブの超伝導リングを使って量子コンピュータを作ることにした。そして、量子ゲート方式ではなく量子アニーリング方式を採用することになるのだが、それには2人の物理学者が関わっていた。ともにMIT（マサチューセッツ工科大学）の教授であるセス・ロイドとエドワード・ファーヒである。ファーヒは共同研究者とともに2001年、先行する門脇・西森の論文とは別に量子アニーリングについての論文を発表した。[4] 彼らは「量子アニーリング」という言葉は使っておらず、「断熱量子計算」と呼んでいたが、後になってそれが量子アニーリングと実質的に同じ考え方であることが認識されるようになった。

ロイドとファーヒは当時、「断熱量子計算を使うとうまくいくかもしれないぞ」とローズに持ちかけた。ローズはこれに刺激されたのである。MITの教授は、理論物理学が専門であっても、自分のアイディアの製品化にも目が向いているのだ。これが、その後の量子アニーリングの北米における大きな展開の出発点になった。これは日本の大学との違いであり、筆者を含めた研究者の反省点でもある。

量子アニーリングを使うとなると、汎用的な量子コンピュータではなく、組み合わせ最適化問題やサンプリングの専用マシンになる。専用となると、用途が限定されるのではという懸念があるかもしれない。ところが、組み合わせ最適化問題やサンプリングは人工知能の基盤技術となる機械学習などに利用できる。応用の範囲は、パターン認識や物流、医療、金融など幅広く、高速に計算するマシンができれば大きな社会的価値がある。

また、量子アニーリング方式の重要なメリットの一つとして、量子ゲート方式よりもシステムが安定していることが挙げられる。エネルギーが一番低い状態やそれに近い状態をたどりながら計算を進めるためだ。それ以上エネルギーが低い状態がないということは、崩れにくくて安定するということである。

商用機開発に向けて

苦難の開発を経て2007年には、16量子ビットのチップ「オリオン」が完成した。

D‐Waveがこのオリオンを使って小規模なパターン認識や「数独」の問題を解くデモを行ったところ、話題になった。

初めての顧客が現れたのは、2011年だった。航空機などを開発製造するロッキード・マーティンが、128量子ビットのシステムである「D‐Wave One」の導入に踏み切った。同社では、飛行制御システムのプログラムのバグ取りが重要な課題になっていて、その解決のために組み合わせ最適化問題を高速に解く方法を探していた。プログラムのバグを見つけるというタスクを最適化問題として表せられるのだ。社内のシステムではバグ取りに数カ月かかっていたのに、D‐Waveマシンでは数週間で解決できたのを見て、ロッキード・マーティンは導入を決めた。そしてマシンは南カリフォルニア大学の情報科学研究所に設置され、大学の研究者にも門戸が開放された。

実はアカデミックな世界では、D‐Waveの量子コンピュータについて当初は非常に懐疑的な目が向けられていた。というのも、D‐Waveは「16量子ビットのシステムを開発した」などと大々的に記者発表を行うのだが、論文でその詳細を説明することには熱心ではなかった。これは、科学界の常識とはかけ離れた姿勢だった。どのような「大発見」や「大発明」も、論文に書かれた手順に従って第三者が検証できなければ受け入れられない。また、動作したというチップの量子ビット数が他のグループに比べて格段に多いことも疑念が持たれていた。量子ゲート方式では、それまでに開発された量子ビットの数はせいぜい５、６個だったからである。そのため、「Ｄ‐Ｗａｖｅは怪しい企業だ」という風評が広がっていた。

ところが、Ｄ‐Ｗａｖｅ Ｏｎｅの動作を詳細に調べた論文が２０１１年に『ネイチャー』誌に掲載されると、大きく状況が変わった。[5] 量子アニーリングの理論に従って動いているとしか解釈できないデータが示されたのである。さらに、２０１３年にグーグルがＮＡＳＡと共同でＤ‐Ｗａｖｅマシンの導入を決めると、「怪しい会社だ」という風評は急速に下火になっていった。

量子人工知能研究所の誕生

グーグルの研究者であるハルトムート・ネヴェンは、２０１３年にグーグル内部に新しく設立された「量子人工知能研究所」の所長に就任し、ＮＡＳＡと共同でＤ‐Ｗａｖｅマシンを導入した。ネヴェンはグーグルの中で画像認識システムの開発を担当していた。画像認識システムは、メガネ型のウェアラブルデバイスである「グーグル・グラス」のためにも求められていた。グーグル・グラスではウィンクがパソコン操作における「クリック」の役割を担うのだが、ユーザーが自然にまばたきをしたのか意識的にウィンクをしたのかを識別するために精度のよい認識システムが必要だったのだ。これは機械学習によって開発が進められてきた技術である。量子アニーリングの応用例として格好の対象と言えよう。

ＮＡＳＡが量子コンピュータに関心を示したのは、宇宙開発において資源配分の最適化問題が常に存在するからだ。例えば、宇宙ステーションでの実験のスケジュールの最適化や惑星探査ロボットの行動経路の決定などである。彼らが量子アニーリングに注目するというのは自然な流れだった。

「キメラグラフ」がボトルネックに

グーグルのネヴェンは2015年12月の記者会見で、「D-Waveマシンが従来型コンピュータに比べて圧倒的に速く問題が解けるのは、限られた条件のもとだけだ」と注意を促した。[6] ただ、量子アニーリングの今後については「非常に楽観的だ」そうだ。問題によって性能が発揮できない場合があるのは、各量子ビットの性能の限界に加え、量子ビット間の接続の仕方に問題があるからで、これらが次世代のマシンで改善されれば、高性能を発揮できる問題の範囲が広がるだろうというわけだ。

本来であれば、すべての量子ビットが相互に接続されているのが望ましい。しかし

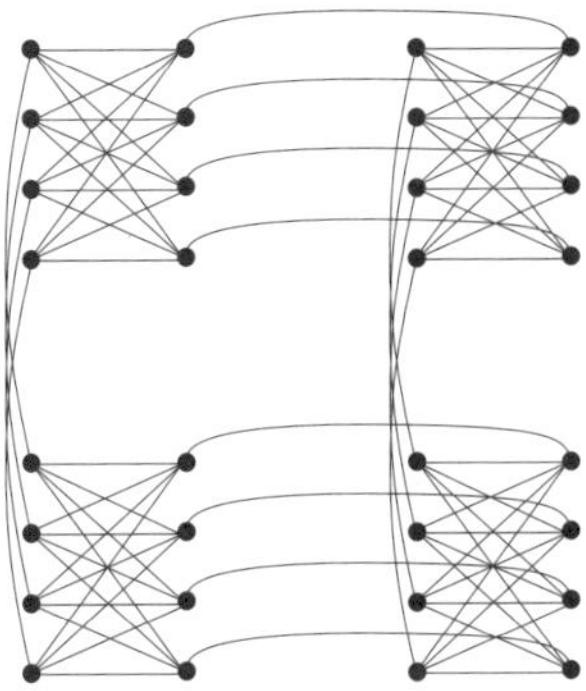

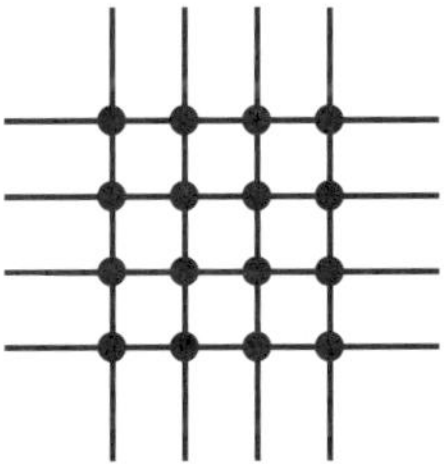

D-Wave マシンのチップでは、量子ビットの間がすべて接続されているわけではない。これを「キメラグラフ」という（上）。実際には、細長い量子ビット８個を縦に４個、横に４個並べ、各交点で相互作用するように結合し、キメラグラフのユニットを作る（下）。このユニットを多数並べて結合し、全体のシステムを構成する。

実際には、現在のD-Waveマシンではハードウェアの制約上、それらの一部しか接続されていない。これを「キメラグラフ」といい、D-Waveマシンがどんな組み合わせ最適化問題にもそのままでは直接対応できない要因となる。キメラグラフの制約を解消するために、次世代マシンに向けてアーキテクチャが開発されている。

また、そのほかにも問題がある。現在の「D-Wave 2X」では、設計上は2000個の量子ビットが実装されているものの、実際に動作するのは1000個を少し超える程度だ。これは製造プロセスにまだ改善の余地があることを意味している。

こうした問題が解消されれば、D-Waveマシンはどんな組み合わせ最適化問題でも高速に解けるようになるだろうか。おそらく、そこまではいかないだろう。とはいえ、「一部の組み合わせ最適化問題が高速に解ける」というだけでも、実は利用価値は高い。それによって得られる利益が大きければ、すぐにでも利用したいと思う顧客はいる。

例えば、金融の分野では、投資のポートフォリオを組むために使うことができる。ポートフォリオは、リスクを抑えつつリターンが最大になるよう組まなければならない。そのためには、株式や債券など、さまざまな金融商品に関する組み合わせを最適化する必要がある。しかも、それぞれの金融商品の価格変動は、互いに関係している。「銘柄Aが上がるときは銘柄Bも上がるが、銘柄Cは下がる場合が多い」といった複雑な関係を反映しながら最適な組み合わせを探すのはなかなか難しい。実際に、一部の企業がすでに、D-Waveマシンをポートフォリオ作成のために試用しているようだ。

また、物流などの分野でも潜在的な需要は大きい。巨大な物流会社が、全国規模で物流の最適化を図れば、数%の効率化でも大幅なコストの削減になる。

これらが、今後もD-Waveの量子コンピュータが注目される理由だ。実際に大きな市場を生み出し、膨大なお金が動く可能性が広がっているのだ。

北米の活況、日本はどうする?

量子コンピュータの開発は、D-Waveだけの動きではない。グーグルは独自に量子コンピュータを開発している。2013年からD-Waveマシンを導入して本格的な研究を始めたグーグルは、2014年からは量子ゲート方式のハードの開発に着手した。そして2016年6月には、独自に量子アニーリング方式の量子コンピュータを開発していることを明らかにしたのだ。数年内に多数の量子ビットを有するシステムを開発し、しかもD-Waveマシンの課題だった量子ビット間の相互接続の問題も斬新なアイディアで乗り越えるという。

それだけでなく、D-Waveマシンの量子ビットの「コヒーレンス時間」よりもずっと長いコヒーレンス時間を持つ、非常に安定した量子ビットを使用するという。コヒーレンス時間が長ければ、個々の量子ビットが安定性を保てる時間が長くなる。グーグルは2014年9月に、カリフォルニア大学サンタバーバラ校（UCSB）のジョン・マーティニス教授の研究チームを引き抜いて、量子ゲート方式の量子コンピュータを開発すると発表しているのだが、そのマーティニスが量子ゲート方式用に開発してきた高性能の超伝導回路を量子アニーリング用にも利用することで、長いコヒーレンス時間を実現するのだという。

アメリカ政府も、量子アニーリング方式の量子コンピュータの開発競争に参戦している。情報先端研究プロジェクト活動（ＩＡＲＰＡ）が、高機能の量子アニーリング装置の開発に的を絞った大規模なプログラムを２０１６年から開始した。[7] これは５年間のプログラムで、量子ビットの数は１００個とそれほど多くはないが、キメラグラフの解消や長いコヒーレンス時間の実現など、Ｄ-Ｗａｖｅマシンの抱える問題を踏まえた上での野心的な目標を設定している。Ｄ-Ｗａｖｅはやはりカナダの会社なので、アメリカとしては最先端の技術を自ら押さえておきたいということなのだろう。

このように、北米ではこの数年で量子アニーリング方式による量子コンピュータの研究開発が急速に盛り上がっている。優秀な研究者が他分野からも次々と参入し、研究会や国際学会への参加者もどんどん増えている。それまで量子ゲート方式を研究していた人たちだけでなく、伝統的な計算機科学や素粒子理論などの異分野で研究をしていた人たちが、量子アニーリングに移ってきて顕著な成果を挙げている例が多い。これは、日本ではあまり見られない現象だ。アメリカでは、有望な研究テーマが現れると、研究者が分野の壁を越えてなだれ込んでくる。それは、「研究資金が豊富に使えそうだから」という理由だけではなく、異分野でも研究者同士の交流による強いネットワークがあり、また変化をいとわない風土によるところも大きいだろう。

それでは、日本はどうしたらよいだろうか。ゼロから始めてアメリカやカナダの後追いで同じような量子アニーリングマシンを開発しようとしても、周回遅れを取り戻すのは難しいだろう。例えば、10年後を見通した基礎理論の構築や、特定の重要な産業への応用などに的を絞り、独自色を出して研究を進めていく必要があるだろう。

そもそも、量子アニーリングの理論は本書の筆者である西森らが東京工業大学で提案したものだ。同じころ、NECの研究所では蔡兆申《ツァイ・ヅァオシェン》と中村泰信が世界で初めて超伝導回路による量子ビットを実現した。ところが、東工大とNECとの間にはコミュニケーションがなく、共同で力を発揮しようという動きはなかった。アメリカはそういった連携を組織することがうまい。IARPAのプログラムでも、国内のみならず世界中からトップクラスの人材を集め、莫大な資金の裏付けのもと、明確に絞られた目標に向かってひた走る態勢をがっちりと構築している。

また、D-Waveマシンでは、量子ビットからの信号を増幅するために「磁束量子パラメトロン（QFP）」が使われている。この磁束量子パラメトロンは、1986年に東京大学教授の後藤英一が発明したものだ。つまり、NASAとグーグルが「1億倍速い」と発表した量子コンピュータの要素技術は、その多くが日本で開発されたものだったのだ。

この事実に、日本の科学・技術の「危機」を感じる人もいるかもしれない。ただ、まだ逆転する可能性は十分にある。それを今後の章を通じて述べていこう。

1 『量子コンピューティング――量子コンピュータの実現に向けて』C・P・ウィリアムズ／S・H・クリアウォータ著、西野哲朗／荒井隆／渡邉昇訳、シュプリンガー・フェアラーク東京
原題"Explorations in Quantum Computing"

2 インテルはホームページに「ムーアの法則」の50年を振り返るコンテンツを掲載している。
http://www.intel.com/content/www/us/en/silicon-innovations/moores-law-technology.html

3 ピーター・ショア本人による「ショアのアルゴリズム」の解説の動画がＹｏｕＴｕｂｅにある。https://www.youtube.com/watch?v=hOlOY7NyMfs

4 Edward Farhi, Jeffrey Goldstone, Sam Gutmann, Joshua Lapan, Andrew Lundgren, Daniel Preda "A Quantum Adiabatic Evolution Algorithm Applied to Random Instances of an NP-Complete Problem" *Science* 20 Apr 2001:Vol. 292, Issue 5516, pp. 472-475

5 M. W. Johnson et al. "Quantum annealing with manufactured spins" *Nature* 473, 194–198

(2011)

6 「Ｄ-Ｗａｖｅの量子コンピュータは「１億倍高速」、ＮＡＳＡやＧｏｏｇｌｅが会見」ＩＴｐｒｏ、２０１５年12月９日　http://itpro.nikkeibp.co.jp/atcl/news/15/120904017/

7 ＩＡＲＰＡのプログラム"Quantum Enhanced Optimization (QEO)"の概要はこちら。https://www.iarpa.gov/index.php/research-programs/qeo/qeo-baa

第3章

最適化問題の解き方と人工知能への応用

巡回セールスマン問題をどう解く？

この章では、量子アニーリングでどのように組み合わせ最適化問題が解けるのかを見ていこう。最終的には、Ｄ‐Ｗａｖｅマシンがどのように人工知能に応用できるのか、というところまで解説したい。

組み合わせ最適化問題の例として、まず「巡回セールスマン問題」を取り上げる。巡回セールスマン問題とは、セールスマンが複数の都市を訪れなければならないときに、どのようなルートで回るのが最も効率がよいかを求めるものだ。どの都市も一度ずつ訪れて、最後は出発した都市へと戻ってくる。そして、移動距離の合計が最も短いルートが答えとなる。

まず、巡回セールスマン問題を「ビット」で表すところから始めよう。この部分は「量子」とは直接は関わりないので、「0」か「1」のどちらかを取る普通のビットで考えても同じである。

簡単のために、5つの都市を回る場合で説明しよう。5つの都市をA、B、C、D、Eとする。そして、5×5、つまり25個のビットを用意する。この25個の量子ビットを、次ページの図のように5行5列に並べた状態をイメージしてもらいたい。

縦の列は都市A、B、C、D、Eを表し、横の行は1番目の訪問地、2番目の訪問地、3番目の訪問地……を表す。出発地点をBとすると、1行目ではBのビットが「1」、それ以外のAやCなどが「0」となる。次の訪問地がAだとすると、2行目のAが「1」、それ以外が「0」となる。

このようにして、B→A→D→C→Eという順番で回ってもとのBに戻るとすると、図のように「1」と「0」が並ぶことになる。そして、このルートの移動距離は、「B→A」「A→D」「D→C」「C→E」「E→B」の距離の合計になる。

さて、この合計の移動距離が最も短くなるようなルートを求めるために、それぞれのビットの間の「相互作用」を決める。例えば、1番目の訪問地がB（ビットが「1」）だとすると、1行目のほかのビットは「0」になるように相互作用を決める。

図で「1番目の訪問地」の行で横に並んだ5つのビットの間の相互作用をうまくと

巡回セールスマン問題を「ビット」で表す

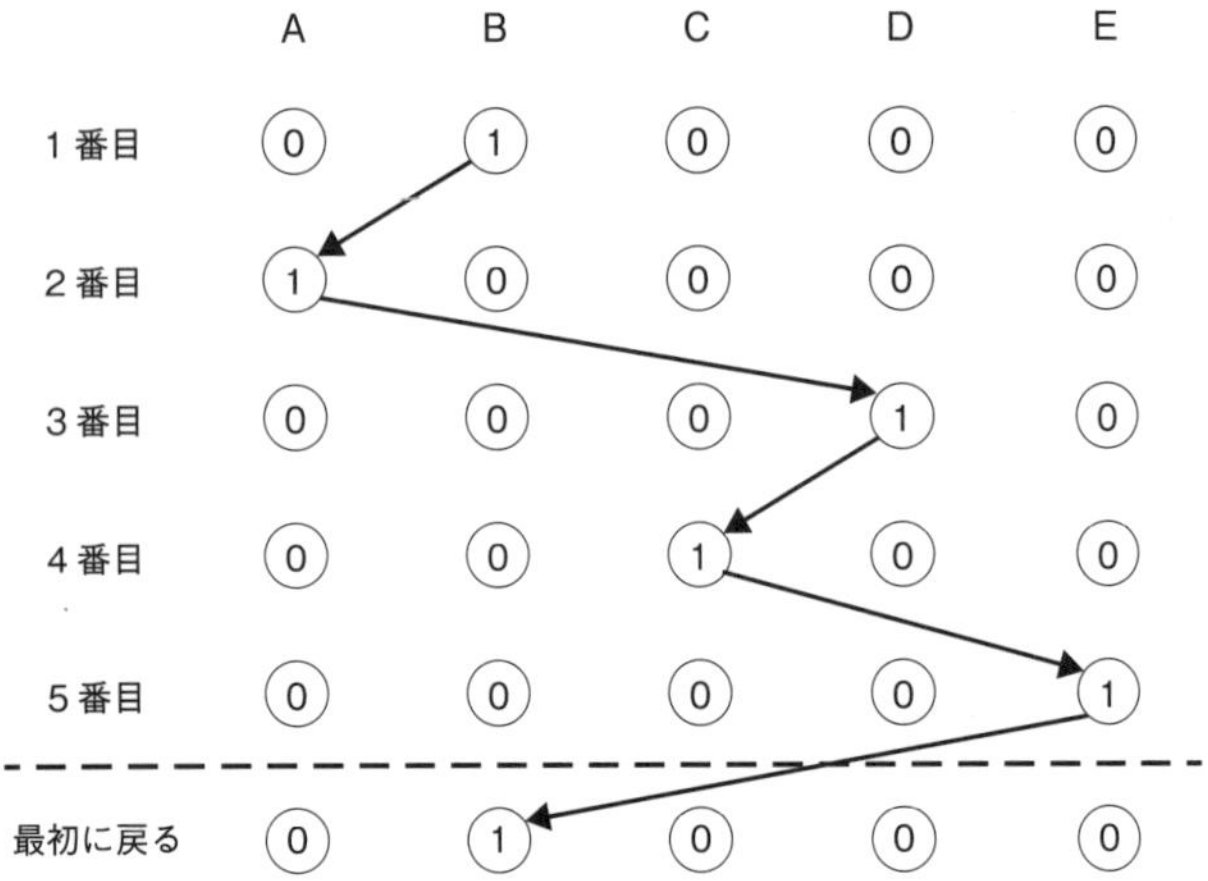

巡回セールスマン問題における、B→A→D→C→E という順番で都市を訪れることを示す量子ビットの組み合わせ。

っておくと、1つの行に1つしか「1」が入らないようにできる。また、縦の列においても、1つしか「1」が入らないように相互作用を設定しておく。同じ都市を2回以上訪問することはないからだ。

さらに、1行目のBと、2行目のA、C、D、Eのビットとの相互作用は、それぞれ距離に応じた値になるように決めていく。つまり、Bに最も近いのがAだとすると、2行目ではAが最も選ばれやすくなるように相互作用を決める。だが、これは1行目と2行目だけを考慮したときにAが選ばれやすいのであって、実際には5つの都市すべてを回るルート全体を考えているので、最終的に2行目でAが選ばれるとは限らない。

すべてのビット間で相互作用を設定したら、あとは量子コンピュータで計算を実行する。量子アニーリング方式では、実際にハードウェアで次のようなことを行っている。まず、すべてのビット（ここでは量子ビット）が「0」と「1」の重ね合わせになっている状態からスタートする。「0」と「1」の両方の状態を取るという量子力学に特有の状態を設定するために使われるのが、「横磁場」である。横磁場をかけることで「0」でもあり「1」でもある奇妙な状態を取るようになる。これが、量子ビットに「量子ゆらぎ」が生じていると表現する。「0」と「1」の両者でゆらいでいると考えてもらいたい。このとき、量子ビット間の相互作用はまだオフにしておく。

時間の経過とともに横磁場を弱くしていき、同時に量子ビット間の相互作用を強くしていく。そうすると、上で説明したような経路の特徴（どの都市とどの都市が近いかなど）が取り入れられて、最短経路の探索が始まる。その間に微弱な横磁場の効果で、「0」と「1」の間をゆらいでどちらがよいのかを探すのだ。そして、最後に横磁場をゼロにする。こうすると、それぞれの量子ビットが「0」か「1」に確定し、これが最短経路を示す答えとなる。

「焼きなまし」とは何か

量子アニーリングマシンがやっていることは、一見すると「計算」のようには思えないかもしれない。従来型コンピュータの場合、詳細に決められたアルゴリズムに従って、ステップごとに演算を繰り返して答えが得られる。一方、量子アニーリング方式では、相互作用を設定し、横磁場をかけて弱めていくだけで答えが見つかる。途中のステップにおける演算を指定する必要はない。量子力学の世界の現象をそのまま利用しており、まさに自然が答えを見つけているのだ。

あえてたとえると、複雑な地形の土地で最も低い場所を探すときに、降った雨が自然と低い盆地に集まることで答えがわかるようなものだ。最適化問題は、最低エネルギーの状態（基底状態）を探す問題と見ることができるので、雨水の比喩はそれほど荒唐無稽なものではない。普通の雨水の場合と違うのは、量子アニーリングでは1番ではなく2番目に低い盆地に水が集まってきたとき、そこに留まらずに立ちはだかる山の下に量子力学の力でトンネルを掘ってすり抜けて1番目に移ることが可能なのだ（量子トンネル効果）。これが、量子アニーリングが最適化問題をうまく解く秘密である。

先ほどは説明をわかりやすくするために巡回セールスマン問題で回る都市の数を5つとした。都市が5つだとすべてのルートは120通りとなり、これは従来型コンピュータを使って総当たりで計算したとしてもすぐに答えが得られる。ところが、都市の数が30だとしたら、1章で述べたようにすべてのルートは2・7×10の32乗であり、総当たりで計算していてはスーパーコンピュータでも8億年以上かけないと計算が終わらない。ところが、「理想的な」量子アニーリングマシンなら、30×30つまり900個の量子ビットを使って速やかに計算が進められる。[1]

さて、量子アニーリングという名前の意味について、いまさらながら紹介しよう。量子アニーリングの「量子」は、量子力学の性質を利用しているところからきていることは想像できるだろう。一方、「アニーリング」という言葉にはなじみがないかもしれない。これは「焼きなまし」という意味だ。焼きなましとは、金属の温度を上げたのちにゆっくりと冷やすことで、内部のひずみを取り除き、均質化させるための処理である。これを数学的なモデルに適用して活用しようというわけだ。

この数学的なモデルのことを「イジング模型」という。イジング模型では、格子の上の各点に「電子スピン」と呼ばれるものがある。そのスピン（自転）の右回りもしくは左回りを、それぞれ「0」と「1」に対応させるのだ。

この電子スピンは、子供のころからなじみのある磁石の磁力の源である。電子スピンが同じ方向にそろうことで強い磁力が生み出されるのだ。その様子を表した数学的なモデルをイジング模型と呼ぶ。

そして、それぞれのスピンにはほかのスピンとの間に相互作用がある。ペアになったスピンが同じ方向（右回りなら右回り同士）になった場合と、反対の方向（右回りと左回り）になった場合のどちらが安定か（エネルギーが低いか）が、相互作用の値により決まる。おなじみの磁石では、同じ方向にそろいやすくなるような相互作用が働いている。つまり、２つのスピン間の関わり合いの度合いを相互作用と呼んでいるわけだ。

統計物理学では、このイジング模型を扱う研究が以前から盛んだった。最適化問題をイジング模型で表し、温度をコンピュータ上の変数として、熱を与える（温度を変化させる）ことで、組み合わせ最適化問題を解くのである。これを、「シミュレーテッド・アニーリング（疑似アニーリング法）」という。

本書の筆者である西森は門脇とともに、１９９８年の論文で量子アニーリングを使って組み合わせ最適化問題を解くアイディアを提唱し、シミュレーテッド・アニーリングと比較した。そして、量子アニーリングのほうがより迅速かつ高精度で正解を与えることを示した。シミュレーテッド・アニーリングが熱によって「ゆらぎ」を与え

イジング模型の電子スピン間の相互作用

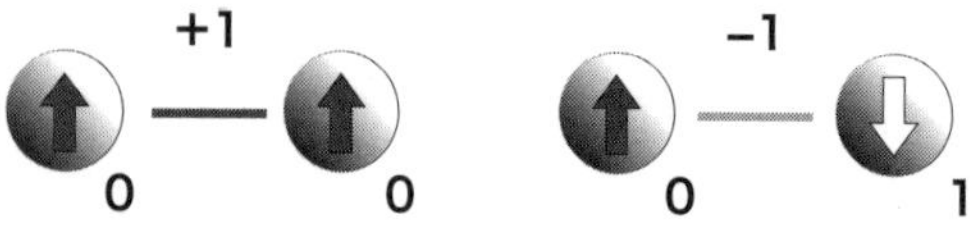

相互作用が「＋１」なら、２つのスピンは同じ方向を向くほうが安定する。「−１」なら、反対方向のほうが安定する。なお、電子スピンが右回りの場合は上向き矢印、左回りの場合は下向き矢印で表す。

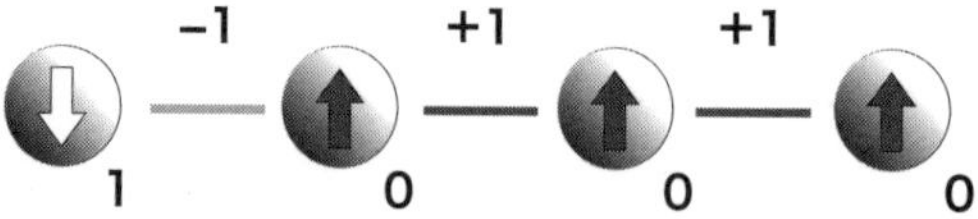

４つのスピンの相互作用が図のように「−１」「＋１」「＋１」になれば、左端のスピンが下向き（ビット「1」）、そのほかの３つが上向き（ビット「0」）となる。

るのに対し、量子アニーリングは「横磁場」を通して量子力学的な方法で「ゆらぎ」を与えている。同じゆらぎであっても、効果はまるで違う。熱によるゆらぎでは、「0」か「1」のどちらかへゆらぎを誘発するのに対して、量子によるゆらぎでは「0」と「1」の両者の可能性を持った重ね合わせの状態が実現するよう、ゆらぎを与えるからだ。

この論文を発表した当時は、量子力学を利用したアルゴリズムを使って、量子ゲート方式の量子コンピュータ上で従来よりも高速に問題を解くための研究が盛んに行われていた。量子アニーリングはまったく違う発想に基づいており、それを実際にハードウェアで実現することなど思いつきもしなかった。その後、組み合わせ最適化問題を利用する社会的ニーズが高まったことで、D-Waveのようなベンチャーが登場して今日に至る発展につながったと言えるだろう。

エネルギーの山をすり抜ける

量子アニーリングで組み合わせ最適化問題を解くためには、量子ビット間の相互作用から全体の「エネルギー」を計算し、そのエネルギーが最も低い状態（基底状態）になるところを探す。量子ビットを20個使うとすると、それぞれが「0」と「1」という2つの状態を取るので、組み合わせの合計は2の20乗（104万8576）になる。この膨大な数の中からエネルギーが最低となるものを見つけるのが究極的な目標だ。最低エネルギーとなる組み合わせが厳密解というわけだ。

このエネルギーをグラフにしてみたのが次々ページの図である。縦軸がエネルギーで、横軸がそれぞれの量子ビットの「0」と「1」の組み合わせだ。

シミュレーテッド・アニーリングでもこのようなエネルギーを使って計算している。そして、問題を解くためにはまずランダムにスタート地点を選び、そこから確率的にさまざまな組み合わせを試しながら探索していく。熱ゆらぎによってビットの状態を「0」か「1」のどちらかへと変えていきながら、低いエネルギーを取るところを探していくのだ。ランダムな変動で解を探していくため、今いる地点からよりエネルギーが低い地点へ動くのはもちろんのこと、よりエネルギーが高い地点にも一定の確率で移動する。低いところを目指すばかりではなく、高いところへと移動することを許すことで、今見えている山の向こうにあるさらに低いエネルギー状態のところにも行けるようにしているのがシミュレーテッド・アニーリングである。初めのうちは確率的な変動の度合いを大きくして大幅に移動する可能性も残しておくが、時間が経つにつれて少しずつしか移動しなくなるようにすることで、最終的な結果を確定させる。

このシミュレーテッド・アニーリングは、どんな組み合わせ最適化問題でも同じやり方で解くことができるという汎用性があり、一度問題を指定すれば、細かいアルゴリズムを考える必要なく答えが得られる。その一方で、ゆっくりと時間をかけて探索をしないと、厳密解である基底状態にたどり着けないことがある。急ぎすぎると、エネルギーが1番低いところに行き着かず、2番目や3番目などの状態で終了してしまうのだ。

相互作用のエネルギーのグラフ

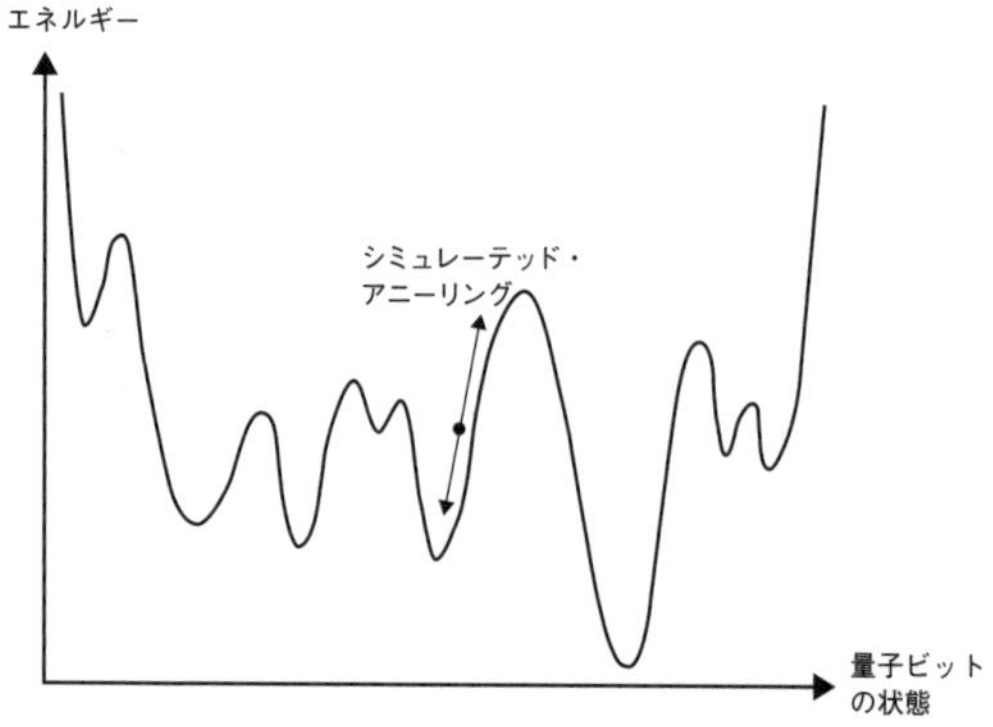

量子アニーリングもシミュレーテッド・アニーリングもエネルギーのグラフは同じ。シミュレーテッド・アニーリングでは、エネルギーが低い地点だけでなく、高い地点にもランダムで動くようになっている。

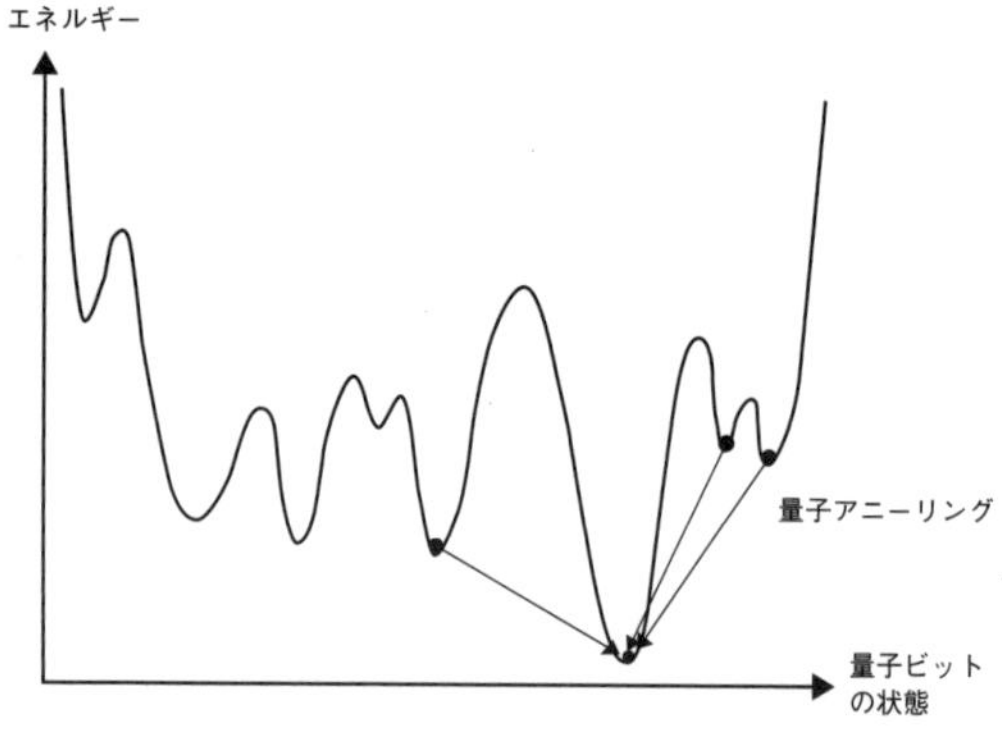

量子アニーリングの場合は、量子トンネル効果により基底状態へと移る。

量子アニーリングでは、組み合わせ最適化問題の様子を表現した相互作用の強さをまずゼロにセットし、横磁場をかけた状態、つまりどの量子ビットも「0」と「1」が完全に重ね合わされて両方の可能性がある状態からスタートする。最初は答えがわからないので、すべての可能性を残しておくのである。時間が経つにつれて、重ね合わせ状態を起こしている横磁場を弱め、相互作用の影響を大きくしていく。すると、解きたい最適化問題の様子が量子ビットに伝わるようになり、エネルギーのグラフの形、つまり山や谷（盆地）の様子が次第にはっきり見えてくるようになる。そして最終的に横磁場をゼロすると、エネルギーのグラフはシミュレーテッド・アニーリングのときと同じ形になる。その途中で量子トンネル効果により、ある盆地から別の盆地へと、山の下をスルリと移動することがあるので、正しい解が得られるのだ。

シミュレーテッド・アニーリングである盆地から別の盆地へ移動するためには、エネルギーを与えて高い山のてっぺんを超える必要がある。ランダムな動きの影響が強い最初のうちならそういった移動もできるが、ランダムさを弱めた終盤になると難しくなる。そのため、厳密解を得るためには、たっぷりと時間をとって慎重に探さなければならない。

一方で量子アニーリングでは、スタートはすべての量子ビットが「0」と「1」の重ね合わせの状態にある。「0」と「1」が完全に同時に存在する状況にあるのだ。時間が経つにつれて相互作用が強くなると、相互作用に応じて量子ビットの状態が「0」か「1」のどちらかに決まっていく。その過程で、量子ゆらぎを受けながら、徐々にエネルギーのグラフの山や谷の形を取り入れることで、あらゆる状態の中からよりよい状態を見つけることができる。エネルギーのグラフにある山の中をすり抜け、結果としてうまく基底状態に到達することが可能になる。

1998年の論文では、シミュレーテッド・アニーリングと量子アニーリングで何種類かのイジング模型を解き、いずれも量子アニーリングのほうが高速・高精度だということをはっきりと示した。当時は、ごく一部の人にしかその重要性が理解されず、論文がほとんど無視される状態が何年も続いた。新しい分野の「創業者」の苦しみを味わったのだった。もし、すぐに「役に立つ」成果を求めるような風潮が当時蔓延していたら、研究費が枯渇する危機に瀕していたかもしれない。

4色問題への応用

もう一つ、組み合わせ最適化問題の例を出そう。「4色問題」である。平面上の地図で隣り合う地域が違う色になるように塗り分けるためには何色あれば足りるか、という問題で、数学の世界では歴史的に有名だった。19世紀後半から多くの数学者が挑戦したが、20世紀後半になって「4色」で十分なことがようやく証明された。

例えば、東京23区の地図を考えよう。どの区も隣り合う区とは違う色になるように塗らなければならない。これを量子アニーリングで実行するにはどうしたらいいだろうか。赤、緑、青、黄という4つの色を用意し、1つの区がどの色なのかを示すために4つの量子ビットを使う。つまり、ある区が「赤」だとすると、その区の量子ビットは「1、0、0、0」となる。赤が1のとき、緑と青と黄を示す量子ビットは0となるように相互作用を設定しておけばよい。

4色問題を「ビット」で表す

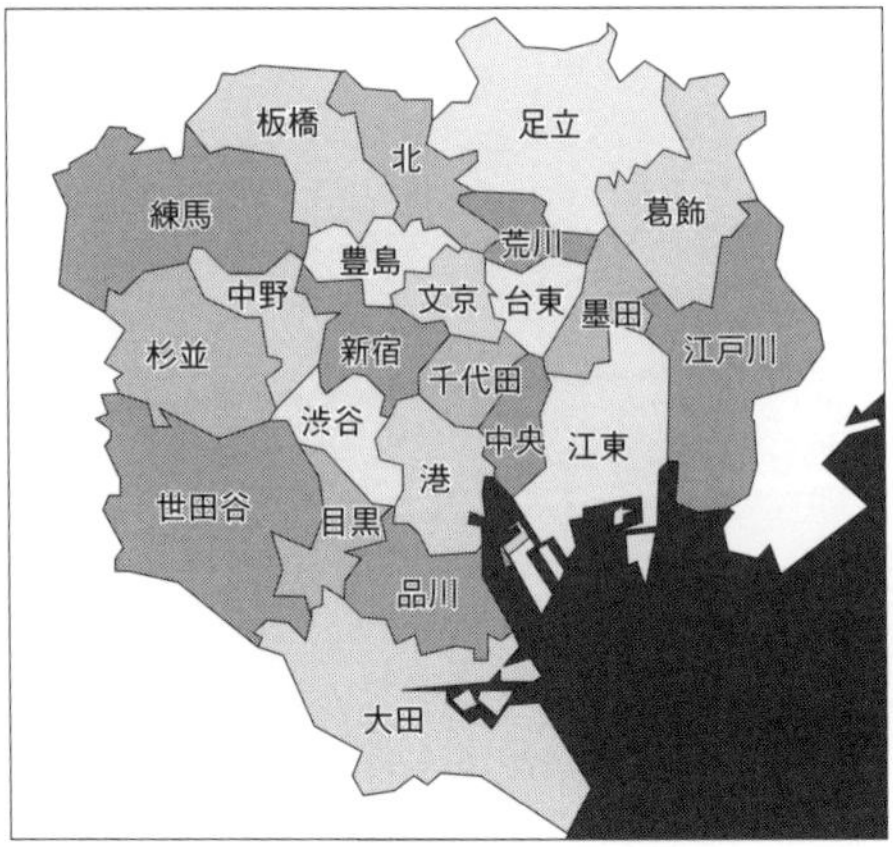

	赤	緑	青	黄
目黒区	1	0	0	0
世田谷区	0	1	0	0
渋谷区	0	0	1	0
品川区	0	1	0	0
大田区	0	0	0	1

東京23区の4色問題を考える。隣り合う区は同じ色で塗らない。目黒区を「赤」とすると、それに隣接する4つの区は「赤」以外になる。世田谷区と品川区は隣接していないので同じ色でもよい。

さらに、例えば東京工業大学がある目黒区を赤とすると、目黒区に隣接する世田谷区、渋谷区、品川区、大田区の4つの区は赤以外の色になる。つまり、これらの区の赤を示す量子ビットは「0」になる必要がある。

このようにして量子ビット間の相互作用を設定し、まず相互作用を切って横磁場をかけてスタートさせる。だんだんと横磁場を弱くするとともに相互作用を強くしていくと、最終的にそれぞれの区がどの色に塗られるかが決まっていく。

このように、量子アニーリングで組み合わせ最適化問題を解くためには、どんな問題でも、量子ビット間の相互作用を設定して横磁場をかけるという手順はまったく同じだ。それぞれの問題に合わせて相互作用を設定するところだけが違ってくる。一方、量子ゲート方式の量子コンピュータでは、それぞれの問題に合わせてアルゴリズムを細部に至るまで設計しなければならない。これが量子アニーリングと大きく異なる点だ。

D-Waveマシンがあればどんな組み合わせ最適化問題でも厳密解が得られるかのように思えるかもしれないが、現実はそう甘くない。なぜなら、必要とされる相互作用が、ハードウェアの制約によって直接には設定できないことが多いからだ。

Ｄ‐Ｗａｖｅマシンは、８つの量子ビットがユニットを組むアーキテクチャを採用している（55ページの図参照）。８つのユニットの中では多くの量子ビットが互いに接続されているが、ほかのユニットの量子ビットとのつながりはかなり限定的なものとなっている。そのため、組み合わせ最適化問題をマシン上の量子ビット間の相互作用に直接落とし込むことができず、実用的な問題が解きにくい原因となってしまうのである。

このようなＤ‐Ｗａｖｅマシンの量子ビットの接続方法は「キメラグラフ」と呼ばれている。グーグルやアメリカ政府のＩＡＲＰＡのプログラムで開発が進められている量子アニーリングマシンでは、制約の大きいキメラグラフは採用せず、多くの量子ビット同士が直接接続されるようなアーキテクチャを目指している。Ｄ‐Ｗａｖｅも、キメラグラフの限界を超える次世代マシンを開発中だ。

機械学習とディープラーニング

次に、本書の題名にもなっている量子アニーリングと人工知能の関係について見ていこう。

人工知能とは、人間のように学んだり、判断したりできるコンピュータのプログラムだ。人工知能はすでに私たちの生活に入り込み始めている。例えば自宅から目的地へのルートを検索するアプリや、「この本を買ったなら別のこの本もどうですか」と勧めてくる通販サイトのサービスも、広義には人工知能と言えるだろう。

これからの時代は、人間にとって面倒な作業や、人間がやるとコストのかかる作業を人工知能が代わって行う場面が増えてくるだろう。さらに、特定のタスクについては人間の能力をはるかに超える人工知能も登場し、話題になっている。

その象徴が、「アルファ碁」である。グーグル傘下のディープマインドが開発したこの囲碁プログラムは、2016年、「囲碁界の魔王」とも呼ばれるプロの囲碁棋士イ・セドルを4勝1敗で破って勝利した。ディープマインドは2010年にイギリスで創業された人工知能のベンチャーで、2014年にグーグルによって買収され、その傘下に入った。

囲碁はチェスや将棋に比べると打てる手の数が多く、計算の量も膨大になる。将棋やチェスでは人間のプレイヤーに勝つ人工知能はすでにあったが、囲碁はまだまだ人間のほうが強いだろうと思われていた。そのためアルファ碁とイ・セドルとの対戦も、予想では棋士が勝利すると見られていたが、結果はアルファ碁の圧勝だった。

なぜ強い棋士に勝てるほどの人工知能ができたのか。それを知るためにも、ここで少し人工知能の歴史を振り返ってみよう。

現在の人工知能の「ブーム」は、実は3度目である。初めて人工知能という言葉が現れたのは、1956年のことだ。アメリカのダートマス大学での会議に集まった研究者たちが、「Artificial Intelligence＝AI」（人工知能）という用語を使い始めた。

1960年代になると、最初の人工知能ブームが起きた。限られた条件の下では人間とのやりとりできるようになり、簡単なパズルや将棋、チェスなどのプログラムが試作された。ところが、現実の問題ははるかに複雑で、当時の技術ではとても太刀打ちできなかった。こうして、最初の人工知能ブームは1970年代になると下火になっていった。

次のブームは1980年代に起こった。今度は、コンピュータにたくさんの「知識」を与え、専門家が判断するプロセスを真似する人工知能が注目された。例えば医療の分野なら、質問に答えてもらうことでコンピュータが医者の代わりに診察するシステムだ。この仕組みがうまくいきそうな分野もあるように見えたが、専門家が持つあらゆる知識を言葉で記述してコンピュータに教え込むのが難しかったことなどから、このブームもまた下火になっていく。

3度目のブームは、コンピュータのハードの進展と大量のデータの出現に裏付けられた「機械学習」、特に「ディープラーニング（深層学習）」によって花開いた。機械学習とは、入力された情報、すなわちデータからプログラム自身が自分で学習することで識別や予測をする能力を身につける機能である。ディープラーニングとは、何段階もの層が積み重なった構造の「ニューラルネットワーク」を利用した機械学習である。この多層構造の複雑さを利用して、巧みにさまざまな状況を学び取り、複雑なタスクを達成することができる。

　例えば画像認識では、コンピュータに画像データを読み込ませて「これはウサギ」「これはカメ」という判断をさせるのに機械学習を利用することができる。従来は、「毛に覆われているのがウサギ」「甲羅があるのはカメ」などと、ウサギとカメの特徴を人間がコンピュータにこまごまと教える必要があった。ところが現在の技術では、人間がいちいち特徴を教えなくても、たくさんの画像の例からコンピュータが自分でウサギとカメの特徴を学んでいくことができる。こうしたやりかたに基づいて、高速のコンピュータで大量のデータを使って学習を進めることにより、画像認識の精度が格段に上がったのである。

　アルファ碁は、画像認識の分野で成果を上げたディープラーニングの手法を、囲碁に応用したことで強くなったのである。盤面上での形成判断やその基準について、コンピュータに人間がいちいち入力する必要はない。何度も繰り返しコンピュータ間で対局を行うことで蓄積した膨大なデータから、コンピュータ自身で戦術を編み出して、人間に勝利した。驚異的な成果である。

量子アニーリングによる「クラスタリング」

機械学習には大きく分けて「教師あり学習」と「教師なし学習」がある。前者では入力されたデータに対して、それが何を表しているかを表す名前、属性、あるいは数値などの出力が、例題とその答えの組として多数、システムに与えられる。その入力と出力の関係を的確に表すように学習が進む。いわば、先生が示してくれた例題とその解答を一生懸命に学習するのである。後者の教師なし学習においては、入力されたデータだけがあって、教師による正解の提示はない。入力データの持つ構造や特徴を、コンピュータが自分で学び取るのである。

ネコやイヌの識別に利用されているのは、教師あり学習である。一方、画像を見せたときに、あの画像とこの画像が似ているなと人間が感じるように、機械（コンピュータ）においても何らかの基準に基づいて、似ている画像や似ていない画像を分ける

量子アニーリングによるクラスタリング

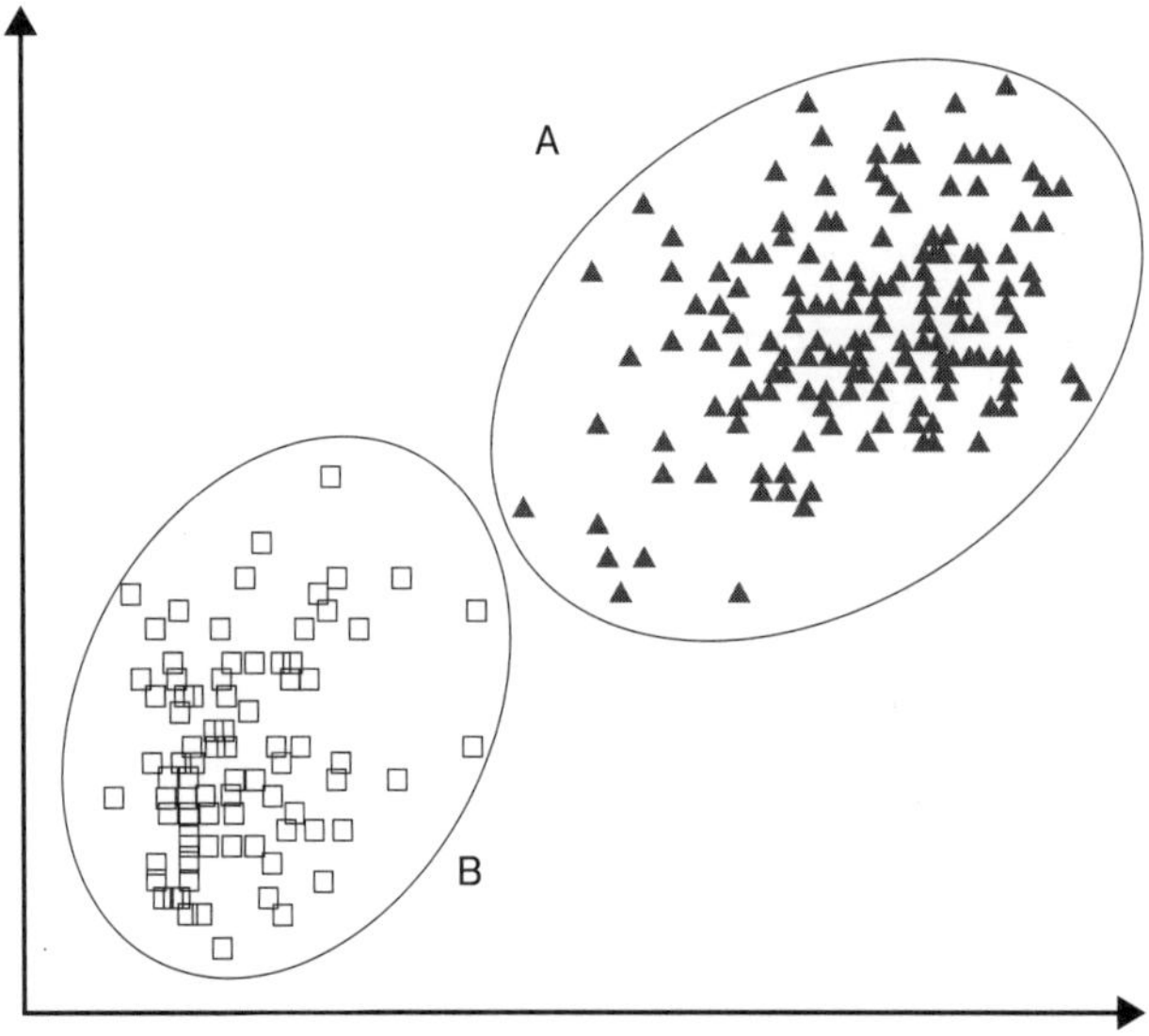

この関数を最大化する

$$D=\sum_{i\in A,j\in B} d_{ij}$$

AとBに属するすべての点のペアの距離を合計し、それが最大になるような組み合わせを量子アニーリングによって見つける。

ということも可能だ。そういった分類を行うのが、教師なし学習の例である「クラスタリング」だ。ここにも組み合わせ最適化問題が利用されている。

画像以外にも文章の解析に利用することができる。ニュースサイトの記事を例に挙げよう。記事は「政治」、「経済」、「芸能」、「スポーツ」などの分野に分類できる。人間は記事を読むと、その内容を理解して概略から何の話題の文章であったかを判別できる。コンピュータに同様のことをさせるには、記事の中で登場する単語を比較して、似た単語が多くあるから同じ話題であるという判別の仕方が基本となる。単語の類似度が異なれば、異なる話題であるという具合に、話題ごとに記事を分類するクラスタリングが可能となる。

クラスタリングを量子アニーリングで行うためには、まずそれぞれの特徴を表すパラメータの値を調べる。例えば、記事の分類で10個の単語に着目し、それぞれの単語が何回登場するかをパラメータにするなら、10個の数字が並ぶことになる。右ページの図では簡略化して2個の場合について例示してある。1つの記事につき2個の数字があるので、2次元の面の上の1つの点として表している。たくさんの記事を調べると、たくさんの点がプロットされる。2つの点の間の距離が近いほど、2つの記事は似ていることになる。

グラフ上にプロットした点を、A、Bという2つのカテゴリーに分類する問題を考えよう。各点に仮にAあるいはBというラベルを与え、Aに属する点とBに属する点の間の距離を測る。そして、そのような2点間の距離をすべての点のペアについて合計する。この合計が最大になれば、AとBがはっきり分離して区別できていることになる。そうなるように各点をAかBに割り当てるのだ。それぞれの点にビットを割り当て、「0」のときにA、「1」のときにBとすると、あとは量子アニーリングの方法で答えを得ることができる。

D-Waveマシンによる「サンプリング」

機械学習で使われる「ニューラルネットワーク」とは、人間の脳の神経細胞のネットワークにヒントを得た情報処理システムだ。大脳には数百億個の神経細胞があり、

ニューラルネットワークの例

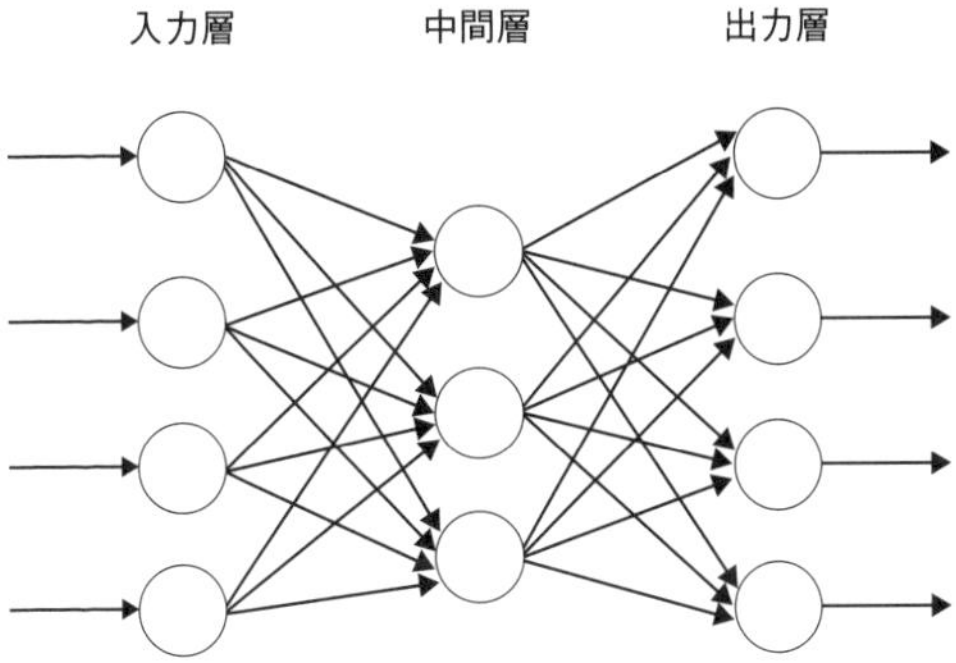

神経細胞をモデルにしたシステムである「ニューラルネットワーク」では、1つの神経細胞に複数の神経細胞から信号が「重み付け」された上で届く。これが量子ビット間の相互作用に似ている。

それぞれが長い突起（「軸索」という）を持ち、他の神経細胞とつながっている。そして、電気信号が軸索を伝わって別の神経細胞へと届き、受け取った神経細胞で条件がそろうと、次の細胞に向かって信号を送る。

これをモデルにしたシステムが「ニューラルネットワーク」だ。1つの神経細胞に複数の神経細胞から信号が送られ、それぞれの信号を「重み付け」した上で、次の細胞に届く。この神経細胞がつながっている様子は、量子アニーリングにおいて量子ビットがつながっている様子に似ているだろう。そして、ニューラルネットワークでは信号に重み付けが加味されるところも、量子ビット間で相互作用が設定されているところに似ている。

教師あり学習では、「最終的に出力された結果を見て、正解からずれていたら正しい方向にいくよう重み付けを調整する」という作業を繰り返す。正しい出力が得られるまで重み付けを調整すると、うまく入力と出力の関係を学習できたということになる。

これを量子アニーリングに当てはめて考えてみよう。これまでは、組み合わせ最適化問題を解くために、量子ビット間の相互作用を設定し、横磁場をかけて計算していた。つまり、相互作用はあらかじめわかっていて、最適化問題の解が知りたかった。ところが機械学習では逆で、解はわかっていて、その解を導き出す相互作用を知りたいというわけだ。

相互作用が決まれば、学習に使った例題だけでなく、学習時にはなかった新たな入力データに対しても正しい出力、すなわち正しい判断ができるようになる。これが機械学習により獲得した、いわば「知能」だ。これを利用してさまざまなタスクに対応できる人工知能を作ろうというわけだ。学校で勉強した内容自体（例題）がすべてそのまま社会に出て役立つわけではないが、一生懸命勉強をして頭を鍛えておくと、学校では習わなかった事態に対しても適切に対応できるようになるのである。

あらかじめわかっている例題に対する解を導くような量子ビット間の相互作用が求められれば、それが機械学習における「学習結果」となり、そのシステムを世の中に出して使えるようになる。このようにして、量子アニーリングは人工知能に応用できる。

また、D-Waveマシンを「ボルツマン機械学習」に応用する研究も進んでいる。ボルツマン機械学習の「ボルツマン」とは、統計力学の基礎を築いた物理学者の名前である。イジング模型という統計力学で利用されてきた数学的モデルを機械学習に利用するために、ボルツマン機械学習という名前が冠されているのだ。ボルツマン機械学習とは、機械学習の中でもとりわけ計算に時間がかかる。そこをなんとかするために、新しいハードウェアの力を借りようというわけだ。

ボルツマン機械学習も、ニューラルネットワークを利用する。ただ、入力や出力データに確率的な変化を与えているのが特徴だ。試しにデータを出力させて、それが実際のデータとどれくらい適合しているかを調べるのである。試しにデータを出力させることを「サンプリング」という。このサンプリングは効率的に行うことが難しく、従来型コンピュータではひどく時間がかかるところだ。

D-Waveの研究者は、このサンプリングに自分たちのマシンを利用できるという。[2] 量子アニーリングを忠実に再現できれば厳密解が得られるはずなのだが、現時点でのD-Waveマシンはノイズやキメラグラフの制約などが原因でそれが十分にはできない。その結果、厳密解から少しずれた解答を出力するということになる。しかし非常に高速に解答を出力させるため、次から次へと出すことができる。

この性質がサンプリングにはうってつけだ。このサンプリングされるデータにどのような特徴があるかの研究も進み、うまく使うと、従来の学習方法をしのぐ結果が得られることがわかった。[3] 少し前からD-Waveマシンは機械学習に有効だという話が多くなっていた背景には、最適化問題を解くよりもむしろサンプリングに強いという事情があったのだ。

しかし振り返ってみると、量子アニーリングは本来、厳密解を得るためのアルゴリズムである。それを利用した量子コンピュータを作ったのであれば、きっちりと厳密解が得られなければ「成功」とは言えないと思う人もいるだろう。だが、それは狭く考えすぎだ。多くの近似解を短時間に出力するのに使えるサンプリング用のマシンと見れば、失敗を別の方向へと生かせる。必ずしも完全には思い通りに行かなかったときのあきらめと切り替えの素早さ、とにかく新しい道に進んでみようという前向きの発想が、イノベーションを生み出す鍵となる好例ではないだろうか。

1 実際には、現在のマシンはさまざまな制約のために「理想的な」状況からはほど遠い。
2 Mohammad H. Amin et al. "Quantum Bolzmann Machine" arXiv:1601.02036 (2016)
3 Marcello Benedetti, J. Realpe-Gomes, Rupak Biswas and Alejandro Perdomo-Ortiz,

“Estimation of effective temperatures in quantum annealers for sampling applications: A case study with possible applications in deep learning” *Phys. Rev.* A 94, 022308 (2016)

第4章

量子コンピュータがつくる未来

北米での熱気が研究者を引きつける

量子アニーリング方式の量子コンピュータの研究開発が一気に盛り上がっているのが北米だ。

カナダのD-Waveは1000個以上の量子ビットを備えた「D-Wave 2X」を販売している。2017年には量子ビットが2000個のマシンが出荷される予定だ。さらに、性能のボトルネックとなっている「キメラグラフ」を解消した新しいアーキテクチャのマシンの開発も進められている。

ハードの進展に目がいきがちだが、コンピュータはソフトがなければただの箱にすぎない。D-Waveの周囲には、ソフト開発のために立ち上げられたベンチャーがいくつかある。イジング模型や量子アニーリングの知識がなくても、ユーザーが普通のコンピュータを使うのとあまり変わらない使い勝手で実際の組み合わせ最適化問題を解けるように、アセンブラ、コンパイラ、アプリケーション、使いやすいユーザーインターフェースなどの開発が急速に進められている。ソフト面でのデファクト・スタンダードを目指しているとも言えるだろう。D-Waveの最新の顧客であるロスアラモス国立研究所に所属する研究者の小学生のお嬢さんは、D-Waveを使ってクラスの友達を互いの好き嫌いで2つのグループに分けるプログラムを作ったという。彼女は、通常のコンピュータのプログラムより先に量子コンピュータのプログラムを覚えた人類で初の例である。

グーグルは、D-WaveマシンをNASAと共同で運用し、その性能を評価するとともに、自分たちも独自の量子アニーリング方式のマシンを開発している。さらに、量子ゲート方式のマシンも開発中だ。従来から量子ゲート方式について研究してきた人の中には、量子アニーリング方式について懐疑的な見方があったのだが、実際には両方の方式がそれぞれ影響し合いながら研究が進み始めている。

また、アメリカ政府の機関であるIARPAも、高性能な量子アニーリング方式のマシンを開発するプログラムをスタートさせた。現行のD-Waveマシンの弱点を克服する計画が詳細に立てられ、実現すれば大きなインパクトがあるだろう。研究成果は原則すべて公開され、民間にも解放されるので、5年後にはアメリカで量子コンピュータの一大産業が立ち上がる可能性もある。

状況を加速させている一因は、グーグルとNASAが発表した「1億倍速い」という性能評価だ。もちろん、ある特別な問題を解いた場合の例だが、そもそも、D-Waveマシンが普通のコンピュータよりずっと高速に解を出すような問題が一つでもあること自体が疑問視されていたのだ。

かつてD-Waveマシンを「本当に量子コンピュータなのか?」という疑いの目で見ていた研究者が、研究テーマを量子アニーリングに変えるような動きが、北米では数年前から始まっている。何よりも、実際にマシンがあるというのが大きい。動かしてみて何が起きるか、みんなわくわくしているのだ。童心に返って夢中になる「おもちゃ」といったら言い過ぎだろうか。

日本でも、組み合わせ最適化問題に特化したハードウェアを作る動きが見られるが、D-Waveマシンを使っている人たちの間に感じられる「熱気」は、ちょっと次元が違うように思われる。感情の問題に留まらず、優秀な研究者をこの分野に引きよせる力になり、さらに研究が発展する原動力になっているのだ。

それでは、「1億倍速い」というのは、どのようにして出された結果なのだろうか？　ある組み合わせ最適化問題をD-Waveマシンと従来型コンピュータで解き、かかった時間から判断して「1億倍速い」と結論づけられた。D-Waveマシンは組み合わせ最適化問題を解くための装置なのだが、セッティングの工夫が性能にも影響する。どうすれば速く最適化問題が解けるのかについては、研究の余地が大きい。

一方、従来型コンピュータで最適化問題を解くための方法はいくつかバリエーションがある。その中でも、今回使われたのは「シミュレーテッド・アニーリング」と「量子モンテカルロ法」だ。その計算は、かなりのコストをかけて行われている。

グーグルには、膨大な数のコンピュータが接続されたデータセンター群があり、インターネットを検索してもその結果がすぐ返ってくることから、飛び抜けた計算パワーを持っていることがうかがえる。ただ、組み合わせ最適化問題を従来型コンピュータで解くことはグーグルの巨大な計算資源をもってしても難しく、そのかなりの割合が今回のテストで一時的にせよ投入されたということである。これは、想像を絶する計算量である。グーグルは、スティーブン・レヴィ著『グーグル ネット覇者の真実』でも描かれているように、自社用に大量のコンピュータの設計・発注をしており、実は世界最大のコンピュータメーカーかつユーザーなのだが、従来型コンピュータでD-Waveマシンに対抗するのがそれほど難しいというのは驚くべきことである。

この結果から言えることは、組み合わせ最適化問題を解く上では、場合によっては量子アニーリングマシンが極めて高い性能を発揮するということだ。それだけでなく、実はもっと重要なことかもしれないが、超伝導技術を用いた量子コンピュータは従来型コンピュータよりもはるかに低いコスト（時間や電力）で問題を解ける可能性があるのだ。従来型コンピュータを利用して解こうとすると、莫大なコストをかけなければならない問題に対して、非常に有効なのである。ITに関する電力消費量が全世界の電力消費量の10％に相当するという事実（後述）を踏まえると、単に計算速度に注目していたのではわからない側面が見えてくる。

ただ、グーグルとNASAが発表した論文をくまなく見ていくと、今回テストに使った最適化問題を従来型コンピュータで高速に解ける特別のアルゴリズムがある、と書いてある。そのアルゴリズムは、シミュレーテッド・アニーリングや量子モンテカルロ法のような「汎用性」がないため、今回は比較をフェアにするために使わなかったというのだ。しかも、そのアルゴリズムを使ってその問題を解いた場合、その性能はD‐Waveマシンとほぼ変わらないのだという。この部分は論文の中でわずか半ページほどの内容だ。これにより、「1億倍速いというのは大げさではないか」という問題提起をすることも可能かもしれない。ただ、実社会への応用を考えると、D‐Waveマシンあるいはアニーリング法一般の持つ「汎用性」はとても重要で、最適化問題全般に使えるのである。その中でも「量子アニーリングがどのような問題だと性能が出て、どのような問題だと性能が出ないのか」ということを調べるのは大切な課題である。実際これは今、大きな研究テーマとなっている。

低消費電力で環境問題にも貢献

2013年の『タイム』誌の記事[2]によると、世界中でITが消費する電力は、世界の発電量の10%に相当するという。これは日本とドイツの総発電量の合計に匹敵し、全世界の航空機が消費するエネルギーの総量の1・5倍に当たるそうだ。今はもっと増えているだろう。

また、２０１１年の『ニューヨークタイムズ』紙の記事[3]によると、グーグルの使用電力量は約20万軒分の家庭の電力量に相当するという。これは原子力発電所の発電量の４分の１に相当する。そして、検索１回当たりの消費電力量は、60Ｗの電球を17秒間光らせる量になるそうだ。１回ではたいしたことはなくても、膨大な検索の総量を考えると、ＩＴはとてつもないエネルギーを使って環境に負担をかける産業になっていることがわかる。

情報化社会を牽引し、世界中で新しい産業を起こしてきたＩＴ企業も、「消費電力」という大きな問題に直面している。地球環境への影響を考えると、航空機が消費するエネルギーよりもＩＴが消費するエネルギーのほうが大きいということは、対策を講じなければ批判から逃れられないだろう。

もし、グーグルの量子コンピュータの開発が進み、彼らが所有する膨大なコンピュータ群のうちの一部でも量子コンピュータに置き換わるのであれば、トータルの消費電力はかなり削減できるはずだ。実際、グーグルはカリフォルニア州サンタバーバラに設置された量子コンピュータの研究施設を「世界最大の量子データセンター」にするという。また、量子コンピュータの扱えるデータ量（量子ビット数）はまだ少ないが、その欠点は通常のコンピュータとの〝ハイブリッド〟によって克服するという。グーグルの研究者からそれを聞いたときには、なんという大風呂敷を広げているのだろうと感じたが、ひょっとすると本気なのかもしれないと次第に思うようになった。そもそも20年くらい前まではグーグルのような事業が成立するなどとは誰も想像していなかったし、1年前までは囲碁でコンピュータがプロの人間に勝つと思っていた人はほぼ皆無だっただろう。「想定外」の世界を次々に切り開いてきた彼らならやるかもしれない。

その構想が実現しても、クラウド上に接続された量子コンピュータをユーザー側が意識することはないだろう。検索サービスでも地図サービスでも、使い方は従来通りながら、その恩恵にあずかれることになるはずだ。ひょっとしたら、「最近レスポンスがよくなったな」「精度がよくなった」といった実感があるかもしれない。それに留まらず、環境負担の軽減が裏で実現していることがより重要だろう。

D-Waveマシンは、量子ビットに超伝導技術を使っている。そのため、超伝導体の冷却用に電力を使うが、その消費量はスーパーコンピュータ京と比べて500分の1程度だ。超低温にしなければならないのは約1平方センチのチップの部分だけなので、電力使用量は多くない。また、今後さらに量子ビット数が増えても、消費電力量はあまり変わらない。グーグルは量子ゲート方式のマシンも開発しているが、これも超伝導体を使っている。

現在、Ｄ‐Ｗａｖｅの量子コンピュータは世界中で3台以上出荷されており、大規模な研究所や企業などで稼働している。また、購入していなくても、「時間貸し」のような形でテストを行ったりしている企業は多い。投資の分野では、ポートフォリオ作成への応用が始まっていると聞く。クラウド経由で利用しているのだろう。

現実問題への応用のためには、ハードウェアだけでなくソフトウェアの開発が欠かせない。Ｄ‐Ｗａｖｅマシンを利用するためには、組み合わせ最適化問題を、量子ビットとその相互作用の組み合わせへとマッピングしなければならない。実は、そのソフトウェアを開発しているベンチャーがある。「１ＱＢｉｔ」[4]といい、研究者とベンチャー起業家によってカナダのバンクーバーに設立された。

スケジュール最適化や、ポートフォリオ最適化など、すでに１ＱＢｉｔが開発したソフトウェアはいくつかある。最適化問題のすべてをいきなりＤ‐Ｗａｖｅマシンに

$$\omega = \mathrm{argmax}_{\omega} \sum_{t=1}^{T} \left\{ \mu_t^T \omega_t - \frac{\gamma}{2} \omega_t^T \Sigma_t \omega_t - \Delta\omega_t^T \Lambda_t \Delta\omega_t + \Delta\omega_t^T \acute{\Lambda}_t \omega_t \right\}$$

ω:各銘柄への投資額（ベクトル）

μ:平均利回り（ベクトル）

Σ:相関行列

Λ:取引コスト（対角行列）

$\acute{\Lambda}$:売買の影響（対角行列）

1Qbit が作成した金融の分野におけるポートフォリオ最適化のためのエネルギー関数。

入れるのではなく、いくつかの部分に分けて計算してあとで統合することにより、そのままではD-Waveマシンのサイズの限界のため扱えないような課題も解決できるようなソフトも開発しているようである。

人工知能を加速する

量子アニーリングマシンの応用で何と言っても期待されているのは、人工知能だ。グーグルとNASAが、共同で「量子人工知能研究所」を設立したのにも、量子コンピュータを人工知能の開発のために活用するという決意が表れている。

人工知能は現在、3度目のブームにある。コンピュータの計算能力が上がり、インターネットの利用が進んで「データ」そのものが増えたことが背景にある。機械学習、特にディープラーニングを活用することで、高性能の人工知能を実現できるようになり、社会が便利になる。そんな未来が目の前にあると期待されている。

画像認識についていうと、コンピュータに多数の「ネコ」の画像を与えて学習させ、コンピュータ自体が「ネコの特徴」を抽出して導き出せるようになる。すると、ある画像が「ネコかどうか」を判断できるようになり、さらに「ネコとはこういうもの」というサンプル画像を出力することも可能になる。この技術では、ディープラーニングが根幹部分となっている。

人工知能による画像認識が欠かせない分野として、クルマの「自動運転」や「運転支援」のシステムがある。車載カメラがとらえた画像から、前方から迫っているのがクルマなのか、自転車なのか、人間なのかを判断しなければ、次の操作をどうするのかが決まらない。量子コンピュータが小型化し、クルマに搭載される日がすぐに訪れるとは思えないが、実際にはクラウド上に接続されることで活用されるだろう。

クルマの自動運転は、社会に大きなインパクトを与える技術として大きな注目を集めている。それは、1台のクルマが運転手がいなくても走れるという話だけではない。すべてのクルマがネットワークに接続され、自動運転モードになることで、渋滞などさまざまな社会問題が解決されることを意味する。しかも、ネットワークに接続することでさまざまな便利なサービスも利用できる。

例えば、未来のクルマで買い物に出かける場合を想像してみよう。運転はしなくていい。ひょっとしたら、運転席がないかもしれない。目的地を近郊のスーパーマーケット、ドラッグストア、アイスクリームショップ、クリーニング店に設定し、最後には家に戻るとナビに伝える。もちろん、ボタン入力ではなく、音声入力で。すると、渋滞や交通規制などを考慮した最適なルートが提案される。場合によっては、生ものを買うかもしれないスーパーとアイスクリームショップはルートの最後に組み込まれるかもしれない。

運転が始まると、前の車との距離を自動でとりながら、最適なルートを進んでいく。何かが飛び出してくるのをカメラがとらえたら、ブレーキをかけるのかハンドルを切るのか判断する。人工知能がクルマに載っている必要はない。クラウドの先にあって、最適な答えを瞬時に出し、それをクルマに伝えればよい。もしクルマが電動なら、バッテリー残量に気を配り充電を優先したりする。トラブルのときには、自動的に救援サービスを呼んでくれる。

グーグルをはじめ多くのＩＴ企業のサービスは、現在すでにクラウドによって提供されている。数百万台という従来型コンピュータが共同して、ユーザーにさまざまな計算結果を返すことでサービスが成り立っているのだ。そのうち、ある割合が量子コンピュータに置き換わることで、これまでできなかったサービスが実現するかもしれないのだ。また、より高速になるだけでなく、低消費電力でもサービスが運用可能になるだろう。

医療、スポーツなどで期待

人工知能による画像認識は、医療の分野でも応用が進められている。ＣＴやＭＲＩ

などの画像診断装置と組み合わせて、腫瘍などの問題のあるところを発見するシステムを作ることもできる。医療用画像は次々と病院内のストレージに保管され、蓄積されていく。もし、そのすべての画像を専門医がチェックしなければならないとすると、1人分の画像データを見る時間は限られてしまう。実際にはすべての画像を精査する余裕がないので、医師が関心を持つ領域や診断に必要な部分をピックアップしている。

ベテラン医師の知見を人工知能に学習させ、こうした蓄積されたデータを常に監視し続けて、病変を感知して注意を促すシステムがあったらどうだろうか。専門医との連携により、これまでよりも綿密で高度な診察が可能になる。全国のデータを集約して学習を行い、人工知能システムとして還元することで、どこにいても同じクオリティの診断をしてもらえる社会も夢ではない。

人工知能が発達すると、さまざまな分野で人間の仕事がコンピュータに置き換わることになる。それに抵抗感を示す人は多い。自分の仕事がなくなるのではないか、コンピュータが間違えて取り返しのつかないトラブルが起きるのではないか、という不安があるのだろう。

医療のように人と人とが対面で向き合うことが重要な分野でも、ＣＴやＭＲＩの画像診断のように人工知能の支援が有効なことがある。例えば、飲酒や喫煙の頻度を医師や看護師が尋ねても、患者が正直に答えない場合があるが、そんなときも人工知能の出番である。飲酒や喫煙などの生活に関するデータを、人間が日常的に身に着けるセンサーによって自動的に収集し、そのデータを利用して人工知能が診断をすれば、より的確な健康指導が可能になる。投薬の管理も一人ひとりに対してカスタマイズされた形で行える。患者の症状や容体、薬の併用などを組み合わせ最適化問題として解くのである。処方した薬の効き目についても、センサーのデータを蓄積することで自動的に機械が学び取ることができる。その成果を即座にフィードバックした投薬管理をほかの患者に対して行うことができる。

さらに人工知能の利用が期待される意外な分野として、スポーツがある。アスリートのデータを収集し、体調などに応じたトレーニングメニューを考案することはすでに行われているが、人工知能によってさらに精度が上がれば、より個人の特性に合わせたメニューができる。脳波を始め、さまざまなデータを取得しながらトレーニングすることにより、その効果を数値化して、学習データとして利用するのだ。似たような特徴を持つアスリートに対して、効果のあったトレーニングメニューを提案することも可能だ。人工知能のアスリートアドバイザーが登場する日は近いだろう。

また、工業用ロボットを人工知能で制御する研究が進んでいるが、これをスポーツにも応用し、テニスや卓球での練習相手をロボットが務めることも可能になる。オムロンの「卓球ロボット」がまさにその好例だ。[5] 人間の動きを感知して、打ち返しやすいところに球を返してくれるのだ。利用者の苦手なコースを学び、トレーニングのために利用者が打ち返しにくいところへ打つという応用も考えられる。オリンピック選手のメダル争いのために強い味方となる日も近いだろう。

実は、こうした動きへの布石はもう始まっている。アップルのスマートフォンには「ヘルスケア」というアプリが組み込まれており、毎日の歩数や上り下りした階段の段数が自動的に記録されている。これらを収集して分析すれば、健康的な生活へのアドバイスが始められる。実際、スマートフォンを利用したヘルスケア産業のベンチャーも多く立ち上がっており、ユーザーから取得した健康状態のデータや、栄養管理士の判断基準を事例データから学習することで、アプリ上で食事管理やアドバイスを行うサービスを提供している会社もすでにある。

法律や考古学でも応用が可能

人工知能は、親和性が高そうなＩＴや医療のほかにも、縁遠いと思われていた「文系」の分野でも応用が進められている。

すでに実用化されているのが法律の世界だ。アメリカの大手法律事務所では、人工知能を導入して膨大な過去の判例から、現在の案件に何を適用するのが最適かを判断している。このほかのものも含めて、ＩＴなどによる法律分野の技術革新は「リーガルテック」と呼ばれ、注目を集めている。その影響もあり、法律事務所は弁護士を含むスタッフの人員を次第に削減しているのだという。

金融においては、ポートフォリオ作成などで実際に量子アニーリングマシンが活用され始めていると述べてきた。それ以外にも、例えば金融機関がある企業に融資するかどうかの判断に使うこともできる。その企業の資本金や最近の売り上げ、今後の業績予測を調べ、よく似た環境にある企業への過去の融資などの情報をもとに、組み合わせ最適化問題として解を探すのだ。融資の判断は、義理人情がからむ人間ではなく、人工知能が担当する時代がくるかもしれない。これはＩＴなどによる金融分野の技術革新「フィンテック」の一種である。

融資を受ける側の企業も、経営判断において人工知能を活用できる。大きな企業になると、「ヒト、モノ、カネ」のリソースをどのように最適化すべきなのかを考える手助けを人工知能に任せられる。そういった経営判断の支援サービスを人工知能で提供する企業も現れるかもしれない。

ここまではビジネスに関する分野だったが、その正反対にありそうなアカデミックな分野でも人工知能の活用は進んでいる。例えば、古文書の解析だ。可視光を当てると劣化する恐れのあるような古文書は、X線を使って読み取りを行っている。そのため、十分な解像度の画像が得られないことがあるが、それでも画像認識の技術を使えば文字を読み取ることができる。そして文字を認識し、その文法などからそれがいつの時代のものなのかを判別するプロセスも自動的に行うことで、古文書解析の効率を上げることができる。

心理学の分野でも機械学習が大きな役割を果たしそうだ。これまでの研究のやり方では、実験によってある状況に置かれた人間が「刺激」に対してどんな反応を示すのかを明らかにしてきたが、そこから人間とはどんなものであるかを客観的にモデル化するのは難しかった。しかし機械学習によって実験結果をコンピュータに学習させれば、別の状況で人間がどんな行動を示すのかをサンプリングすることができるかもしれない。

これまでは定量化できないものをコンピュータで扱うのは難しかったが、人工知能を利用して量的には表しにくいものを扱ったり、組み合わせ最適化問題で表して量子アニーリングマシンで解いたりということが可能になると、いわゆる文系的な分野でもこうした技術によって研究が進むと期待される。

センサーを活用して人間に寄り添うＡＩを

第3次人工知能ブームは、インターネットの発展によりデータが大量に生まれたことが背景の一つにある。それまでは、コンピュータに学習させるためのデータを用意することが難しかった。現在は、テキストでも画像でも、インターネット上に大量のデータがある。研究者にとっても、機械学習を始めてみようと思う専門家以外の人にとっても、恵まれた状況にあると言える。

現在はインターネット以外にも、データを生み出すものがある。それはさまざまな「センサー」だ。例えば、スマートフォンにはいろんなセンサーが搭載されている。加速度センサーやジャイロセンサー、照度センサー、GPSセンサーなどだ。つまり、ユーザーがどこにいるか、どんな速度で移動しているか、明るいところにいるかどうかがわかり、やろうと思えばそれをずっと計測してデータとして蓄積することができるのだ。スマートフォンと連携した「アップルウォッチ」などのウェアラブルデバイスを使えば、さらに心拍数や歩数、睡眠状況、移動距離などの活動量が常に測れる。

人工知能を活用すれば、こうしたデータを利用してユーザーに寄り添った新しい機能を提供することができる。歩いたり、何か乗り物で移動したり、立ち止まったりということを測って、飛行機に乗ったらスマートフォンが自動的に機内モードに切り替わったり、コンサートホールで着席すれば電源が切れたり、新幹線に乗って座ったら音楽のプレイリストを自動的に勧めてきたりできる。

ウェアラブルデバイスのセンサーを使えば、体温が上がりすぎているので水を飲むよう促したり、部屋が暗いので電気をつけてはどうかと提案したり、ザワザワしているところでスマートフォンを触るのは退屈なのだろうからと、ニュースサイトやゲームを勧めたりするかもしれない。

センサーはあらゆるところに進出している。最近よく使われるようになった言葉に「IoT」がある。要するに、あらゆるものにセンサーをつけ、そのデータを活用するということだ。IoTにより、これまで集められなかったデータも取得できる。ドアにセンサーをつければ、何時何分何秒に開いたかがわかる。アマゾンなどの通販サービスの段ボール箱にセンサーをつければ、倉庫から届け先までリアルタイムで追跡できる。

また、東京都目黒区のある自動販売機で売られた500ミリリットルの水のペットボトルが最終的にどこまで運ばれて処分されたかもわかるし、ある人が購入した筋トレマシンがどれくらい稼働しているかもわかる。農地にセンサーを設置して日照時間や降雨量を正しく把握して、ドローンで適切かつ自動的に農薬や水を散布することだってできるだろう。学校や企業では、人の目の動きやまばたきの頻度、筆圧などから、疲労の程度がどれくらいなのかを判断し、休憩を勧めたりすることができる。

センサーとそのデータの活用が進めば、人工知能が生活のあらゆるところに浸透していく。それに抵抗感を持つ人も少なくない。自分がどこにいて、どんな状態にあるのか把握されたり、街角の防犯カメラの映像が利用されたりするのがイヤだという人もいるだろう。だが、多くの人がより便利だと思うサービスは広まっていくし、より安全だと思う社会では受け入れられていく。個人情報の扱い方と人工知能の活用はこれからも議論が続けられるテーマではあるが、技術が実現する未来像がより明確になることで、その議論の方向性も変わってくるだろう。

シンギュラリティはくるのか

人間の能力を人工知能が超えることを、「シンギュラリティ（技術的特異点）」といい、これも議論の対象になっている。人間よりも賢い人工知能が出てきたら人間の存在が脅かされるのではないかという不安もあり、人工知能の開発には慎重にならなければならないという意見もある。また、シンギュラリティが実現するタイミングは、数十年後だとも言われている。

何をもって「人間より賢い人工知能」と言うのかという問題もあるが、人工知能からさらに賢い人工知能が生まれ、それを人間が制御できなくなるのではないか、という不安に対しては、少なくとも数十年のスケールではそういうことはないと明確に答えることができる。

現在のコンピュータでは、機械学習やディープラーニングにかなりの時間と大規模なデータが必要になる。そうやって手間暇かけて学習させた結果、画像に写った食品が「カレー」か「オムライス」なのかを判断する能力をようやく身につけることができるわけだが、その人工知能が自分の意思を持つようになるまでには、永遠に近いほどの時間がかかる。特定のタスクを人間以上にうまくこなす人工知能と、人間の脳のように何でもこなす「汎用人工知能」の間には、大きなギャップがあるのだ。

機械学習は、用意されたデータに基づいて学習するプロセスであり、用意されたデータ以上のことを読み取ることは難しい。文章を理解するシステムも、現段階では難しい。今のシステムは、よくある文章表現をデータに出てくる頻度から学習して人間との対話に利用しているにすぎず、そこに「知能」が芽生えたとはとうてい思えない。計算の入力と結果に関するデータを並べて「自動的に計算するシステム」に学習させたとしても、その計算の意味を理解したとはとうてい言えないだろう。「足し算がなぜそうなるのか」と問われて「そういうルールだから」と答える人間はもちろん非常に多いが、それを超えて足し算に深い洞察を加えて数学を形成するのが人間の知能である。そこに人工知能が到達するまでには、想像すら難しい大きな距離がある。

それでは、量子コンピュータが今よりもっと一般的になり、人工知能の開発で当たり前のように使われるようになったらどうだろうか。シンギュラリティに一歩近づくように思えるが、やはり難しいだろう。なぜなら、量子コンピュータによって効率よく学習させた人工知能であっても、その学習方法そのもののアルゴリズムを作るのは人間だからだ。どんな判断をする場合でも、その基幹的な枠組みを作るのは人間だ。機械学習を行うためには最適化問題を解く必要があったが、その最適化問題をどのようなものにするのかを決めた時点で、機械学習の結果として獲得される能力が定まる。その最適化問題を選ぶのは、やはり人間自身である。その選択すらも任せ、人工知能がアーキテクチャを構築するということも当然考えられるが、そのアーキテクチャがよい効果をもたらすのかどうかという基準を設けるのは、結局は人間である。

そして、アーキテクチャを自ら構築し、最適化を繰り返すような人工知能を持ったコンピュータに出会うには、まだまだ時間がかかるだろう。「アルファ碁」の成功も、明確なルールが決められたゲームの枠組みの中で、ひたすらコンピュータ同士が囲碁を打ち、最適な戦略を探し求めるというある種の〝修行〟によって達成できたものである。

人間社会であらゆるタスクをこなすような人工知能を実現するためには、どんな修行をどれだけこなせばよいのだろうか。その設計は困難を極めるだろう。人間の子供の成長を想像すると、試行錯誤の中から新しい行動が生み出されていくのは間違いない。しかし、人間と比較すると、コンピュータが必要とする訓練の量はまだまだ途方もなく多いのである。そのため、「うまい訓練のさせ方」についても、さらなるブレークスルーが必要となるだろう。

1 Vasil S. Denchev et al, "What is the computational value of finite-range tunneling" *Phys. Rev.* X6, 031015 (2016)
2 "The Surprisingly Large Energy Footprint of the Digital Economy" *TIME*, Apr. 201-
http://science.time.com/2013/08/14/power-drain-the-digital-cloud-is-using-more-energy-than-you-think/
3 "Google Details, and Defends, Its Use of Electricity" *The New York Times*, Set, 2011
http://www.nytimes.com/2011/09/09/technology/google-details-and-defends-its-use-of-electricity.html
4 http://1qbit.com/
5 オムロンの卓球ロボット「フォルフェウス」
http://www.omron.co.jp/innovation/forpheus.html

第5章

量子の不思議な世界を見る

「量子力学」とは何か

量子コンピュータは、量子力学的な現象を計算に利用するコンピュータである。従来型のコンピュータも、ハードにおいては量子力学を利用して設計した半導体を使っている。ところが量子コンピュータは、ハードのみならずソフトにおいても量子力学を使っているのである。

それでは、「量子力学」はどう説明したらよいだろうか。これは難しい問題だ。大学で物理を専攻し、数十年にわたって物理学者として研究を続けてきても、「量子力学がよくわかった」という実感はなかなか持てない。ファインマンは、「量子力学がわかったと思っているうちは、量子力学がわかっていない」という有名なセリフを吐いた。量子力学とはそのような学問であり、量子の世界には人間の直観的な理解を超えた部分がたくさんある。

もとより「物理」とは、読んで字のごとく『もの』についての『ことわり』なのだが、その内容は日常生活における常識とはかけ離れていることが多い。例えばニュートンは、「物体は、力を受けなければまっすぐ動き続ける」と言った。だが、私たちは動いている物体がやがて止まる現象を日々目にしている。サッカーボールを蹴ると飛んでいくが、いずれはどこかで止まる。ニュートンの言葉には「力を受けなければ」という前提条件が入っているが、現実には摩擦や空気の抵抗などの力が働いているため、物体はやがて止まってしまうのだ。

摩擦や空気の抵抗が存在し、重要な役割を果たしているということに気づくのに、人類は約2000年もかかった。目に見える現象だけを考えると、古代ギリシャの哲学者アリストテレスのように、「物体に力を加えると動き、力を加えないと止まる」という素朴な誤りに陥ってしまうのである。

物理というのは、このように一見すると人間の直観に反するような、ものごとの真の姿を探求する学問である。量子力学はその最たるものであり、日常生活における常識がほとんど通用しない分野だ。ここでは、量子コンピュータのことをより理解するためにも、量子力学の不思議な世界について話をしよう。

量子力学では、非常に小さな世界のできごとを考える。普通の大きさの世界のできごとを調べる「古典力学」では、エネルギーなどの量はどんな値でも取れるが、量子力学では決められた飛び飛びの値しか取れない。さらに、電子など小さな世界の物質は、「波」のように見えることもあれば、「粒子」のように見えることもある。

小さな世界では物質が粒子でありかつ波であることを示した歴史的な実験として「二重スリット実験」がある。これは、電子を一つずつ発射できる「電子銃」から、スクリーンに向かって電子を撃ち込む実験で、途中に2つのスリット（縦に細長い穴）が空いた板を置いておく。一つずつ撃ち込んだ場合、スクリーンにはスリットを通り抜けた電子が一つずつ粒としてぶつかった跡が出現する。

何の変哲もない実験のように感じるかもしれないが、これを繰り返していくと、異なる場所に電子の跡が次々と現れて、だんだんと「しま模様」が浮かび上がる。このしま模様は、電子の代わりに光を使った「ヤングの実験」においても見られる。光は波の性質を持つことが知られており、その「干渉」効果によってしま模様が形成されるのだ。

波の干渉とは、水面に石を2つ投げ込んだときに、発生した2つの波が重なってで

二重スリット実験

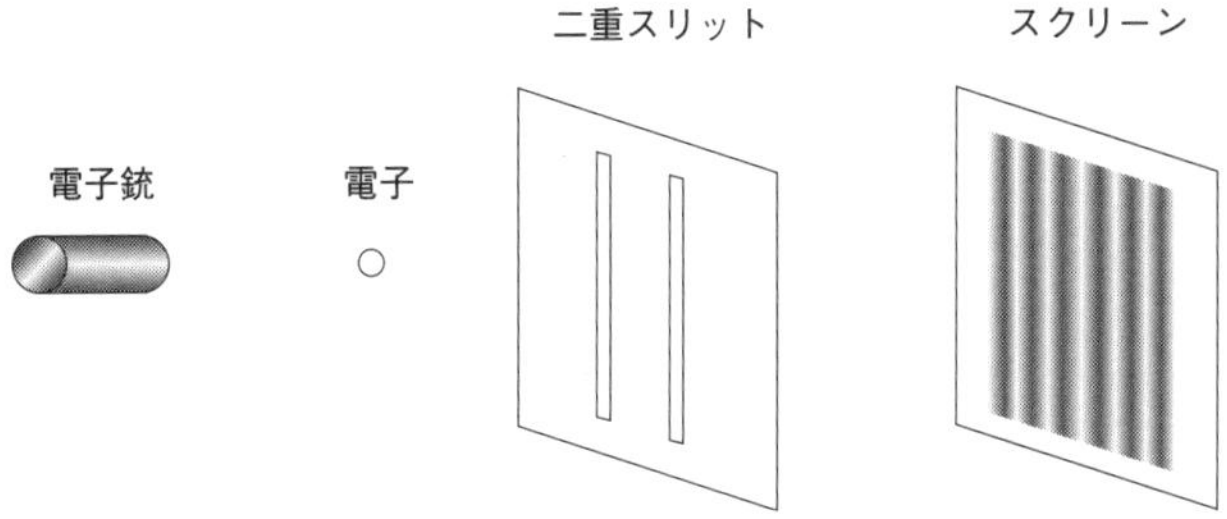

電子銃から電子をひと粒ずつ発射すると、スリットを通ってスクリーンに当たる。電子には波の性質があるので、スクリーンにはしま模様ができる。ただ、どちらのスリットを通ったのか「測定」すると、しま模様は現れなくなる。

波の干渉

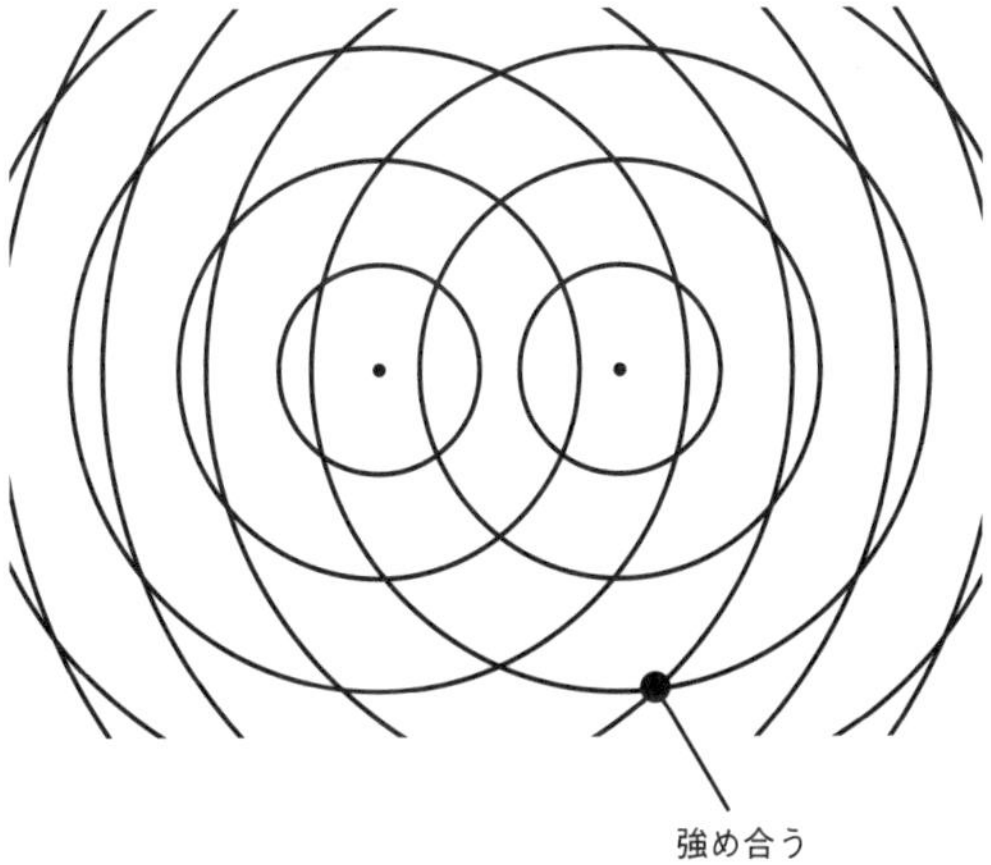

水面に２つ石を落とすと、波が重なって強め合うところと、打ち消して弱め合うところができる。これが「干渉」であり、二重スリット実験でも同じ現象が起きる。

きるしま模様と同じものだ。つまり、スクリーンにできたしま模様からは、電子には「波」の性質もあることがわかるのだが、一つずつ飛ばした電子がスクリーンに到達したときには、「粒」として当たるのである。

「重ね合わせ」のパラドックス

光を使った「ヤングの二重スリット実験」は、光が波であることを初めて示した伝説の実験だ。光でなく、電子でこのような干渉実験が初めて行われたのは1961年だが、その後、最新の技術を駆使した検証が行われ、イギリス物理学会誌で読者投票により「最も美しい実験」に選ばれたこともある。

二重スリット実験で、電子が左右どちらのスリットを通過したのかを、電子がスクリーンに到達する前にセンサーで検出するよう工夫してみると、意外な結果になる。しま模様が消えるのだ。これは、電子が波でなく粒子として振る舞うようになること

「シュレーディンガーの猫」という思考実験では、箱に入れられた猫が「生きている」か「死んでいる」かが、五分五分の重ね合わせとなる。

を意味している。なぜこうなるのか説明しがたいのだが、途中で「電子を見る」という「測定」が影響を与えていることは間違いない。途中で見ると結果が変わるというのは、民話「鶴の恩返し」にも似ているが、波と粒子が役割を変えるというのはずっと不思議で複雑である。

実は量子力学においては、「測定」は重要な意味を持つ。それは、「シュレーディンガーの猫」という有名な思考実験にも表れている。これは、量子力学的な「重ね合わせ」が、素朴な直観に反するということを説明した話だ。

鉄の箱の中に猫を1匹入れ、そのほかに放射性物質のラジウムと、ガイガーカウンター、そして青酸ガスの発生装置も入れてふたをしておく。ラジウムからアルファ粒子が出てそれをガイガーカウンターが検出したときに青酸ガスが放出されるようにしておくと、猫の生死はアルファ粒子が放出されるかどうかにかかっている状態になる。例えば、1時間以内にアルファ粒子が出る可能性が50%だとすると、それは、「出た」状態と「出ていない」状態が、五分五分の重ね合わせと言える。すると、箱のフタを1時間後にあけて見てみるまでは、猫が生きている状態と死んでいる状態が同じ割合で「重ね合わさっている」とも解釈できる。アルファ粒子の放出は、原子核というごく小さな世界のできごとなので、量子力学が直接使えて重ね合わせが起こることもあり得るが、それがそのまま猫のような日常の大きさの世界まで広げられるメカニズムがあるのだろうか、という疑問を投げかけた話なのだ。

「重ね合わせ」というと、量子コンピュータにおける量子ビットが「0」と「1」の両方の状態であることが思い出される。つまり、量子コンピュータが計算を行う際の基本的な原理が重ね合わせなのだ。

ところが、現実の感覚では、猫が生きている状態と、死んでいる状態が、同時に存在するという風に理解することはとてもできない。日常のスケールの世界に生きる猫は、生きているか死んでいるか、どちらか決まった状態をとるはずだ。それが、非常に小さな量子の世界では、同時に2つの状態が「重ね合わされる」という事態が起こり得るのである。

なお、シュレーディンガーは量子力学の創始者の一人である。彼が提案した「シュレーディンガー方程式」は量子力学における基本方程式で、その解は「波動関数」と呼ばれている。

不確定性原理

量子の持つ不思議な性質の一つに、「不確定性原理」がある。これは、粒子の「位置」と「運動量」（速度と質量をかけた量）という2つを「同時に」知ることができる精度に、どうやっても超えられない限界があるというものだ。つまり、ある粒子の位置を正確に知ろうとすると、その運動量を正確に知ることができなくなり、逆に運

ハイゼンベルグの不等式

$$\varepsilon_q \eta_p \geq \frac{\hbar}{2}$$

小澤の不等式

$$\varepsilon_q \eta_p + \varepsilon_q \sigma_p + \sigma_q \eta_p \geq \frac{\hbar}{2}$$

動量を正確に知ろうとすると、位置を正確に知ることができなくなる。

普通に考えると、ある物体がどこにあってどんな速さで動いているかは、装置を改良すればいくらでも正確に測れるように思える。しかし、原子のような非常に小さい世界まで踏み込むと、誰がどんなに工夫してもそれ以上、正確には測れない限度があるというのだ。やれやれ、困ったことだが、事実だからしょうがない。これは「ハイゼンベルクの原理」とも呼ばれる。位置が決まる限界と運動量が決まる限界を結びつけた「ハイゼンベルクの不等式」によって、その精度の限界が示されている。

伝統的な「ハイゼンベルクの不等式」に出てくる測定の限界と、測定とはかかわりなく位置や運動量がもともと持っている量子力学的なゆらぎをきちんと区別して、拡張された不等式を導出したのが、名古屋大の小澤正直だ。「小澤の不等式」は、ウィーン工科大の長谷川祐司によって実験的に検証され、広く受け入れられている。[1]

量子トンネル効果と超えるべきエネルギー

もう一つ、量子コンピュータにおいて重要になる量子の不思議な性質として「量子トンネル効果」がある。これは、粒子が壁の向こうに染み出してしまうという、日常の現実からは考えられない現象だ。

古典力学が扱う普通の大きさの世界では、このような現象はありえない。ある高さの壁があって、その向こうへとボールを投げる場合を考えてみよう。ボールが手から離れたときに、それ相当の速さを持っていないと、ボールは壁のてっぺんを超えて向こう側には到達しない。ところが、小さなスケールの量子力学の世界ではそうではない。

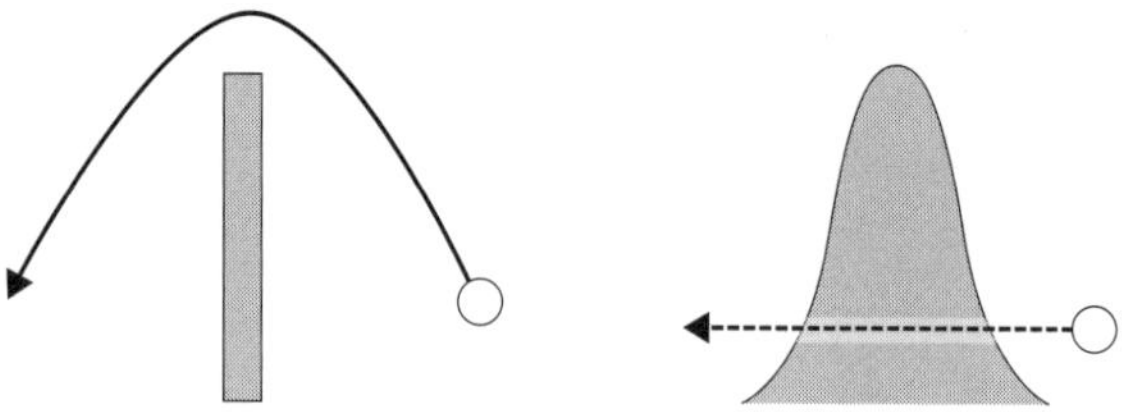

通常の世界（古典力学）では、壁の向こうにボールを投げるには、壁を超えるだけの速度（運動エネルギー）がなければならない。ところが量子力学の世界では、壁（エネルギー）をすり抜ける「量子トンネル効果」という現象がある

小さな粒子の振る舞いを量子力学で調べるとき、「壁」は「超えるべきエネルギー」として表される。壁の高さに応じてエネルギーも大きくなるのだ。量子力学の世界では、あまり速く動いていない粒子でも、ごくわずかな確率ではあるが「超えるべきエネルギー」を出し抜いてスルリと壁の向こう側へと行ってしまうのである。これは、あたかも見えないトンネルがあって壁をすり抜けたかのように見えるので、「量子トンネル効果」と呼ばれる。

量子アニーリングマシンでは、このトンネル効果が巧みに利用されている。組み合わせ最適化問題を解くためにまず横磁場がかけられ、量子ビット間の相互作用はオフ

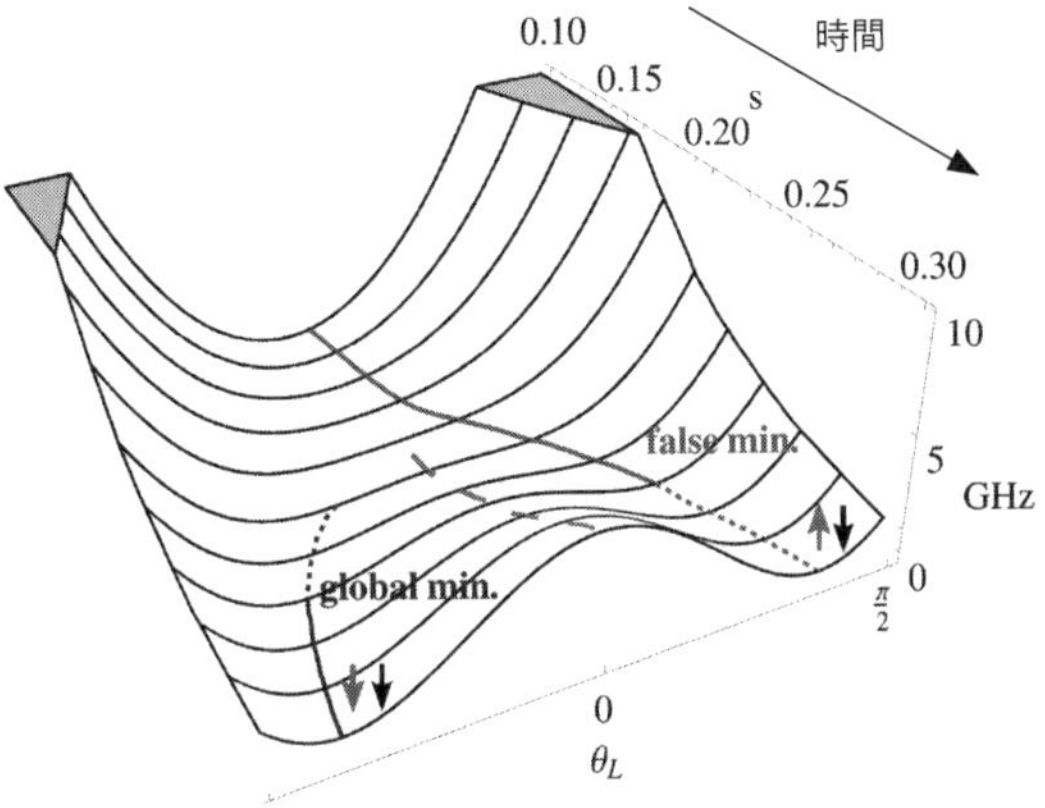

量子アニーリングでは、時間が経つにつれて相互作用が強くなり、それがエネルギーの“壁”として現れる。 Sergio Boixo et al. *Nature Communications* 7:10327 (2016)

になった状態からスタートする。そして、横磁場が次第に弱まるにつれ、相互作用は強くなっていく。相互作用の影響が「超えるべきエネルギー」としての「壁」の役割を持ち、だんだんはっきり見えてくるのである。

古典的な「シミュレーテッド・アニーリング」では、この壁を超えて向こう側に行くためには、あらかじめ十分なエネルギーが与えられてなければならない。ところが量子アニーリングでは、エネルギーが十分になくても量子トンネル効果で壁をすり抜けることができる。エネルギーの壁にあたかもトンネルがあるかのように、スルリとこちら側からあちら側の正しい解へ移ることがあるのだ。

量子アニーリングマシンで問題を解くときに十分なパフォーマンスが出るかどうかは、この量子トンネル効果が得られるかどうかにかかっていると考えられている。グーグルとNASAが「1億倍速い」と結論づけたのも、エネルギーの壁がトンネル効果の起こりやすい形をしている問題を解いてみせたからである。エネルギーの壁が「高い」けれども「薄い」と、量子トンネル効果が起こりやすい。そのことを巧みに利用して、実際に量子アニーリングが高い性能を示したというわけだ。

チューリングマシンと量子回路

量子コンピュータの構想を最初に提唱したのはリチャード・P・ファインマンである。イギリスの物理学者デイヴィッド・ドイッチュは、ファインマンのアイデアを発展させ、コンピュータの原型である「チューリングマシン」を量子力学的な世界でも実現するにはどうしたらよいか、ということを考察した。

ドイッチュは、「量子回路」を考案した。これは、従来のコンピュータが計算処理を行うための論理回路を、量子力学の世界に拡張する方法である。従来のコンピュータでは、いくつかの基本的な論理回路(ゲート)を組み合わせることで計算処理を実行している。その基本回路は、「NOT回路」「AND回路」「OR回路」「XOR回路」などと言われる。これらのうちのいくつかを組み合わせれば、任意の入力に対して任意の出力が得られる回路を組み立てられるのだ。

従来のコンピュータでこれらの論理回路を構成するのは、トランジスタだ。トランジスタとは、電流を流したり流さなかったりするスイッチであり、電流を流すかどうかは、そこにかかる電圧で決まる。トランジスタは「0」か「1」のどちらかの状態だけを取る。このような古典ビットに対して、「0」と「1」の状態を同時に取る「重ね合わせ」が量子ビットの特徴だ。

量子ビットはこの重ね合わせのおかげで効率よく計算ができる。例えば、30枚のコインを地面に向かって投げる場合を想像してみよう。1枚のコインはそれぞれ「表」と「裏」という2つの状態を取る。2枚だと「表、表」「表、裏」「裏、表」「裏、

NOT 回路

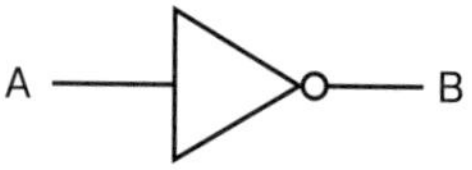

入力 A	出力 B
0	1
1	0

AND 回路

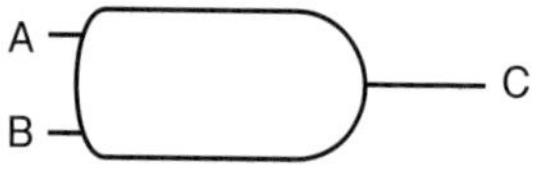

入力 A	入力 B	出力 C
0	0	0
0	1	0
1	0	0
1	1	1

OR 回路

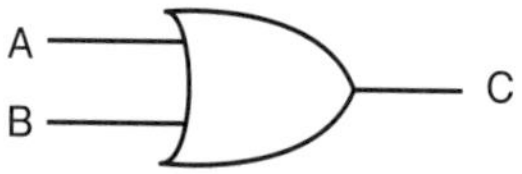

入力 A	入力 B	出力 C
0	0	0
0	1	1
1	0	1
1	1	1

XOR 回路

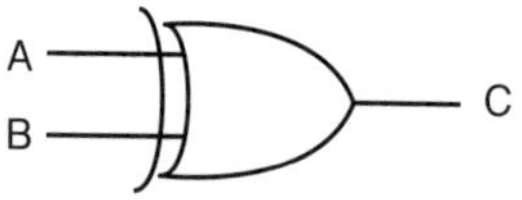

入力 A	入力 B	出力 C
0	0	0
0	1	1
1	0	1
1	1	0

論理回路の例。従来のコンピュータでは、トランジスタによってこの論理回路を作成する。一方、量子ゲート方式の量子コンピュータでは、入出力が量子ビットになり、それらの操作によって論理回路を作成する。

裏」の4つ、3枚だと8つと倍々ゲームで増えていき、30枚だと約10億にもなる。こうして、量子ビットが30個あり、それぞれが「0」と「1」の重ね合わせ状態にあるとしたら、約10億もの状態が同時に表せて、それらの重ね合わせから計算をスタートさせることができるのである。状態を一つずつ計算して確認していくよりも、多くの数の状態を同時に計算するので効率がよいというわけである。

日本で開発された量子ビット

原子の中にある電子のスピンの向きによって「0」と「1」を表す量子ビットは、実際には使いづらい。自然にある原子の持つ電子のスピンは、論理回路を実行する際に個別に制御するのが難しいのである。量子ビットとして実際に使うためには、もっと使いやすく、しかも安定なものでないといけない。そこで、世界中で量子コンピューターを実現するための量子ビットの開発が繰り広げられてきた。

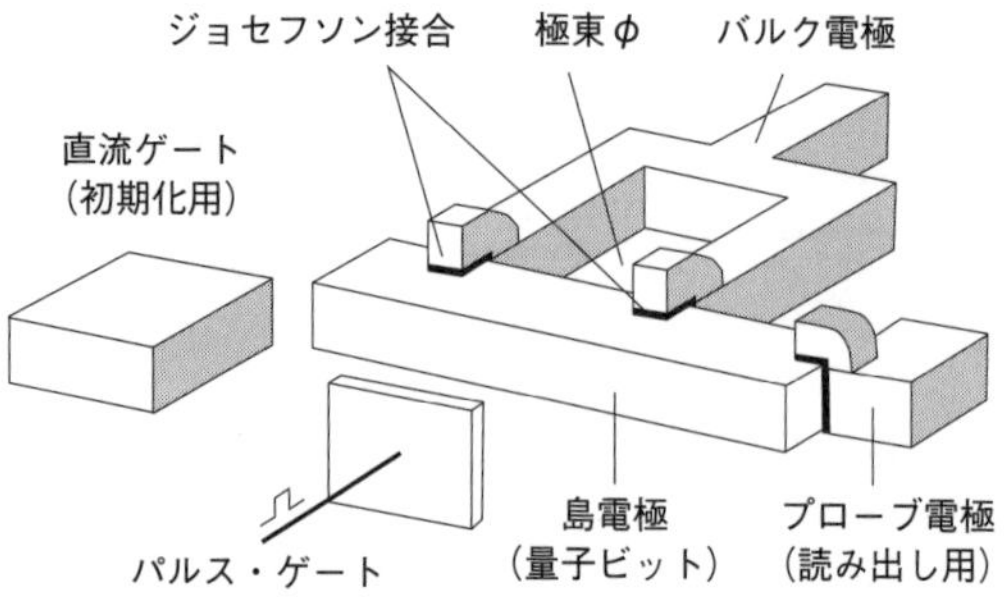

NEC にて開発された世界初の超伝導体量子ビットの概要。
(『量子コンピュータの誘い』213 ページより)

量子ビットの開発については、日本における研究が歴史的に大きな役割を果たしている。その経緯については、書籍『量子コンピュータへの誘《いざな》い』[2]に詳しい。

自然に存在する原子中の電子スピンは制御が難しいならば、人工的に大きな原子を作るのはどうか。そのアイデアを1986年に提案したのは、当時NECの研究者であった渡辺久恒である。「スーパーアトム」と名付けられた人工原子は、半導体でできた疑似的な原子だ。球状の半導体に正の電荷を持たせて別の半導体に埋め込んでいた。シュレーディンガー方程式を解いてみると、実際の原子のような振る舞いが見られた。このスーパーアトムについては特許も取得されたが、実物は作られなかった。

実際に半導体によって作られた人工原子は、1995年に当時NTTの研究者だった樽茶清悟によって実現された。これは「量子ドット」と呼ばれ、2次元的な疑似原子になっている。

そして、1999年に世界で初めて超伝導体による量子ビットを開発したのは、当時NECの研究所に在籍していた、蔡兆申と中村泰信だった。彼らが用いたのは、「ジョセフソン接合」された超伝導回路だ。ジョセフソン接合とは、超伝導体の間に薄い絶縁膜が挟まったもので、その名は考案者であるブライアン・D・ジョセフソンにちなんでいる。超伝導状態になったときに、この絶縁膜の間にトンネル効果によって電流が流れるのだ。超伝導体の中では電子はペアとなって移動するのであるが、電子ペア1つが絶縁膜をトンネルした状態を「1」、していない状態を「0」として、量子ビットとして重ね合わせ状態ができているのが確認されたのである。

超伝導体の量子ビットは、D-Waveやグーグルが開発するマシンでも使われている。それをさかのぼると、日本企業の研究所での成果にたどり着くのである。

さまざまな量子コンピュータ

量子コンピュータの開発の歴史には、日本の研究者たちがその名前を刻んできた。D-Waveマシンが採用した量子ビットは、蔡兆申と中村泰信の開発に端を発するジョセフソン接合された超伝導回路だが、電子ペアの数ではなく磁束（磁気の束）の向きを量子ビットに使っているのが異なる。磁束を量子ビットに使うというアイデアは、1999年にデルフト工科大学のハンス・モーイらによって提案された。そして、中村もデルフト工科大学で客員研究員だった2001年のころに磁束を使って量子ビットを作る実験に取り組んでいる。

D-Waveマシンの量子ビットの磁束は、そのままでは弱くて測定できない。そのため、「磁束量子パラメトロン（QFP）」という装置を使って増幅している。このQFPも実は日本で開発されたものだ。東京大学教授の後藤英一が1986年に提案し作成した。後藤は1990年代にQFPについての本を英語で出版しており、D-Waveの研究者はそれを読んで影響を受けたという[3]。

このように、カナダのベンチャーが商用化した量子コンピュータではあるが、そのアイデアや要素技術は日本で発明されたものが多いのである。

量子ゲート方式の量子コンピュータの開発も世界各地で行われている。例えば、2001年には、IBMが「核磁気共鳴（NMR）」を利用した7量子ビットの実験を発表した。NMRとは、一定の磁場の中に置かれた原子核が、ある周波数の電磁波と相互作用する現象で、病院で検査に使われる「MRI」にも使われている技術である。IBMは、7つの量子ビットによって素因数分解を行い、「15＝5×3」という正しい答えを得た。２０１５年には、グーグルが、超伝導体による9量子ビットを使って誤りを訂正する技術を実行してみせた。

インテルやマイクロソフトなども、量子ゲート方式を基盤とする量子コンピュータの開発に投資している。実用的な大きさのシステムに至るのは大変困難な道だが、長期にわたるプロジェクトが成功すれば、量子シミュレーションによる創薬などいくつかの分野で莫大な市場が生みだされるという判断なのだろう。

また、通常のコンピュータと量子コンピュータを組み合わせたハイブリッド的なアプローチも模索されている。

量子ゲート方式は、量子シミュレーションにおいては通常のコンピュータより劇的に速くなるということが証明されている強みを持っており、実現が視野に入ってきた数百量子ビットのスケールでその利点を生かそうとする試みが続いている。

1　「ハイゼンベルクの不確定性原理を破った！　小澤の不等式を実験実証」日経サイエンス、２０１２年1月16日 http://www.nikkei-science.com/?p=16686

2　『量子コンピュータへの誘い　きまぐれな量子でなぜ計算できるのか』石井茂著、日経ＢＰ社、２００４年発行

3　「驚愕の量子コンピュータ」『日経コンピュータ』２０１４年４月17日号

第6章

日本が世界を
リードする日はくるか

基礎研究は意外な形で花開く

日本の研究者がノーベル賞を受賞するたびに、「基礎研究の大切さ」が議論される。「基礎研究は将来どれが花開くかわからない」という見方がある一方で、「基礎研究は国の競争力の源泉になる」という意見もある。

前者についてはまさにその通りで、「量子アニーリング」はもともと、社会の役に立つかどうかは意識しない、純粋に学問的な興味から生まれた。本当に大きなブレークスルーは、損得勘定などはるかに超えて、我を忘れて没頭する集中力の中から生まれてくる。その成果が、結果として思わぬところで役に立つことがあるのだ。

それを踏まえた上で、基礎研究をしている者が社会とのつながりをもう少し意識すると、さらに面白い方向が見えてきて、研究が飛躍的に発展するきっかけになることがある。これを念頭に置いてもよいはずだ。例えば、ＭＩＴの理論物理学者ロイドとファーヒがＤ‐Ｗａｖｅの創業者ローズに「量子アニーリングマシンを作ったら面白いぞ」と話したことが、この分野の現在の活況を生み出すに至ったことは、すでに述べたとおりである。

量子アニーリングの前段階として筆者の西森が研究を進めていた「情報統計力学」とは、情報科学における問題を物理学、特に統計力学の方法によって解こうとする学問分野だ。「統計力学」というと多くの人はなじみがないかもしれない。統計力学は、気体の性質を気体分子の動きから解明するために発展してきたものである。たくさんの気体分子の位置や速さについて統計的な処理を加えることで、日常スケールで見られる気体の性質を理解しようとするものだ。

統計力学の対象は、気体だけでなく液体や固体にも広がっている。その一例が磁石だ。固体の原子の中にある電子の「スピン（自転）」は、小さな磁石を形作っている。その小さな磁石の向きによって、目に見えるスケールの普通の磁石が持つ性質が決まるのである。例えば鉄は、普段は磁石になっていないが、他の磁石を近づけるとくっつく。これは、鉄の中にある電子スピンが普段はバラバラな方向を向いていて、全体として打ち消し合うので磁石にならないのだが、外から磁石を近づけると、中にある膨大な数の小さな磁石が一斉に同じ方向にそろうので、はっきりとわかる形で磁石になるというわけだ。

電子スピンによる原子スケールの小さな磁石の特徴から出発して、目に見えるスケールの磁石の性質を統計力学によって調べることができる。よくある普通の磁石では、非常にたくさんの小さな磁石がほとんど同じ方向にそろっている。これを「強磁性」という。また、原子スケールの磁石がバラバラな方向を向いていて、全体としては打ち消し合って普通の磁石にはなっていないものを「常磁性」という。温度が低いと強磁性であっても、熱を加えると小さな磁石の向きが急激にバラバラになり、常磁性になることもある。

強磁性から常磁性への急激な変化は「相転移」と呼ばれる現象の一種である。水を温めれば100℃で水蒸気になり、冷やせば0℃で氷になるのも、相転移のわかりやすい例だ。これは「液体の水」「固体の氷」「気体の水蒸気」の間の相転移なので、磁石の変化とは違うように思えるかもしれない。だが、「強磁性」と「常磁性」の急激な変化も、磁石を構成する分子の一つひとつは変わらないのに、たくさん集まった全体としての性質が急に変わる現象という意味で、水のときと同じ相転移なのである。

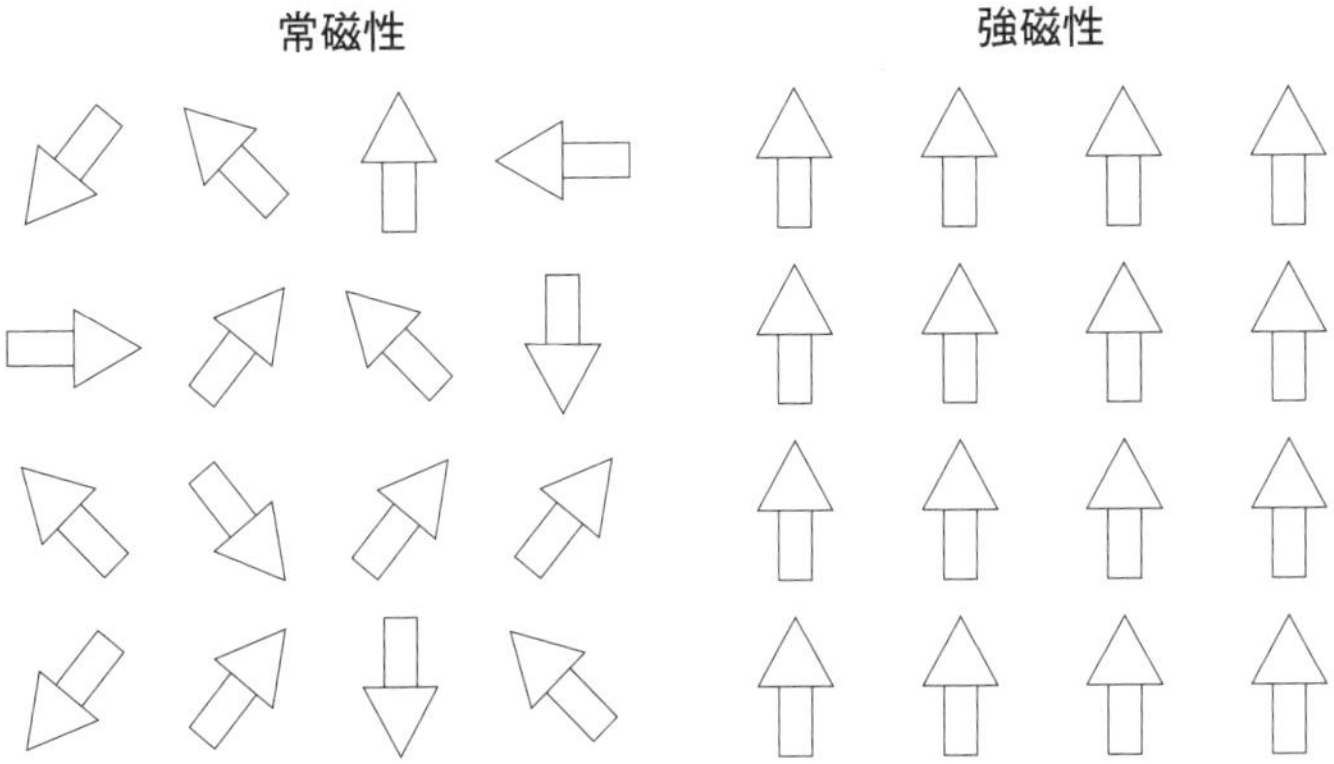

電子スピンによる小さな磁石の向きがバラバラだと「常磁性」、そろっていると「強磁性」となる。(『スピングラスと連想記憶』3ページより)

相転移が起こるのは、磁石にとどまらない。「スピングラス」と呼ばれるやや変わった物質でも起きる。しかも、スピングラスでは状況はもっと複雑で多彩となる。

スピングラスでは、電子スピンの向きがガラスのようにバラバラな配列で固定されているからだ。ガラスというと、固体のように固まっているように見えるが、実は固体ではない。かといって液体でもない。「ガラス」という特別な状態なのだ。ちょっと見ると固体のように見えるが、極めて長い時間待つとゆっくりと「流れ」てくる。ガラスは実にありふれた物質だが、液体とも固体とも言えないその性質をきっちり理解するのは大変難しい問題だ。

いずれにせよ、スピングラスはふつうの磁石とは違って、強磁性や常磁性に加えて、ガラスに似た状態まで持っていて、実に多彩な相転移を示す大変面白い物質である。ただ、強磁性になる磁石と違って、社会で直接「役に立つ」利用の仕方は見つかっていない。あくまで純粋に学問的な興味として、物理の中でもけっこうマニアックな分野であるが、盛んに研究されてきた。そして、その成果が情報統計力学を通じて、情報科学や量子アニーリングの研究にまで影響を及ぼしてきている。これも、基礎研究の思わぬ波及効果と言えよう。

さて、スピングラスにおける相転移を調べるために使われるのが「イジング模型」である。イジング模型とは、これまでにも述べたように、格子上の各点にスピンを置いて、それぞれが互いに相互作用している状態を理論的にモデル化したものだ。この模型を使ってスピングラスの相転移が研究できるのだが、これは統計力学の中でも有数の難問として知られている。紙とエンピツで立ち向かうには大変骨の折れる問題だ。コンピュータでのシミュレーションが主だった研究手段なのだが、筆者たちは理論的研究にこだわってきた。西森はスピングラスの対称性に関する端正な理論を打ち立てて、大関はそれを発展させてスピングラスの相転移に関する理論を作り出した。どちらも、理論物理の研究者として最大の集中力が発揮できる大学院生のときの仕事だ。

いったいそれが何の役に立つのか、そんなことはまったく考えずに、ひたすら学問上、理論上の興味を追求し続けて得られた成果である。それが、まわりまわって現在の量子アニーリングの一大潮流を生み出している。

スピングラスのイジング模型を使うことで、実社会で応用しやすい「組み合わせ最適化問題」を解くことができる。これを従来型コンピュータでシミュレートできるようにしたのが「シミュレーテッド・アニーリング」だ。そして、量子力学的な現象を利用するために横磁場を用いてより高速に計算できるよう考案したのが、量子アニーリングである。

出発点である「情報統計力学」は、紙とエンピツを使った物理の理論であったのに、それが新しいタイプの計算の原理になるのであるから不思議といえば不思議である。そこに基礎研究の醍醐味がある。あるとき、一見関係のない物事が有機的に結びつき、まったく違う風景が広がっていくのを見ることができるのだ。量子アニーリングが、学問の世界のみならず、一般の社会からも大きな反響を呼ぶようにまでなってきた経緯には、個人の力量をはるかに超えた不思議さを感じている。「ねらって」できる話ではないのだ。

「緻密さ」だけでなく「大胆さ」も

「組み合わせ最適化問題」は、長年にわたって情報科学で研究されてきたテーマであり、それを「量子アニーリング」という物理を応用した方法で解くということは、分野横断的なアプローチだ。そして、量子アニーリングを実現するハードウェアが登場したことで、理論的なモデルが社会に対して大きなインパクトを与える状況になってきた。

スピングラスのイジング模型では、上向きあるいは下向きになるスピンに対して、横向きの磁場をかけ、磁気的な「動揺」を与える。横磁場を弱くすると同時にスピン間の相互作用を強くしていくと、あるスピンは上向きに、あるスピンは下向きに固定されるようになることで、エネルギーの低い安定した状態になる。エネルギーの最低状態が、組み合わせ最適化問題の解になっている。

D-Waveマシンは、普通のコンピュータやゲート方式の量子コンピュータのような汎用性は、現時点ではない。また、量子アニーリングを使って厳密解を求めることを目指して設計されているが、必ずしも厳密解が得られるとは限らない。このような「あいまいさ」に違和感を覚える人も少なからずいるだろう。特に、「緻密さ」が大切だと考える研究者は、このマシンは許容範囲の外にあると感じるかもしれない。

日本の研究者にとって「緻密さ」は強みと言えるだろう。緻密さを生かして、新しい理論や発見を打ち立ててきた。ただ、緻密さにこだわりすぎると、社会によい影響を与え、それがまた研究環境の進歩へと返ってくる機会を逃してしまうかもしれない。そんなことを、D-Waveを巡る量子アニーリング発展の経緯が教えてくれる。

D-Waveの研究者に「厳密解が得られないのは問題ではないのか?」と質問をすると、「厳密解が得られない場合でも、従来手法より精度の高い近似解が得られる。それは役に立つ」という回答が返ってきた。これは確かに、緻密さを大切にする研究者の発想ではないかもしれない。だが、完全ではなくても、利用範囲が最適化問題に限られていても、ともかく作ってみて商用マシンとして世に送り出し、社会からフィードバックを得る。そして、それをもとにさらに改良して世に出すことを繰り返す。D-Waveのこの姿勢を受け入れがたいと感じる研究者は少なくない。

しかし、現実にこのベンチャーは、この路線を驀進しながら大きな資金を集め続けているだけでなく、優れた研究者を量子アニーリングの分野に次々と引き入れて、基礎研究から実用的な技術開発まで活気に満ちた世界を作り出した。このような破天荒な姿勢を持つベンチャーの存在や、それを支えるきわめて太っ腹な投資家の存在には、日本こそ学ぶべき点があるのではないだろうか。

現在、シリコンバレーでも日本でも、ITベンチャーはサービスを「ベータ版」として不完全なまま始める。不具合や不都合があっても、ユーザーからのフィードバックを得て徐々によいものになっていく。そして、ユーザーをより多く獲得できたベンチャーだけが爆発的に成長できるのである。

D-Waveもそのような精神で量子コンピュータを開発している。そして、特に北米で、現実に大きなインパクトをもたらした。グーグルが独自に量子アニーリング方式のマシンを開発し、またアメリカ政府の機関であるIARPAも量子アニーリング方式の高性能なマシンを研究するプログラムをスタートさせている。量子アニーリングについて取り組む研究者もあっという間に増え、大きなうねりとなっている。

垣根を超えてベンチャー精神を

厳密解そのものが得られなくても、従来法よりも厳密解に近い近似解であれば、メリットが大きい分野がある。例えば、全米規模の物流の最適化や、NASAや大企業での各種課題の最適化などは、数%程度の改善でもその効果は膨大なコスト削減として現れてくる。これは机上の空論ではなく、D-Waveマシンを世界で初めて導入したロッキード・マーティン社の技術幹部が、導入の理由として西森に語った言葉そのものである。しかも、その「よりよい近似解」を得るためにかかる時間や電力などのコストは、従来法よりずっと小さいのである。金融の分野でも、より利益が高く投資リスクが低いポートフォリオを、従来より少しでも低コストあるいは短時間で作成できるなら、そのサービスを利用したいと思うクライアントが現れるのは当然だ。

このように、完全ではないマシンであってもすぐに事業化できる分野があるのだ。D-Waveはこの事実を理解し、果敢にも自分たちが開発した量子コンピュータを商用マシンとして世に送り出した。しかも、人工知能開発に応用できることを十分意識して、多くの研究者を巻き込んで量子アニーリングを利用した人工知能の開発という分野を立ち上げようとしている。

果たして、日本ではこのようなベンチャーは可能だろうか。日本の大学では、「理学」と「工学」がはっきりと分かれている。つまり、「サイエンス」と「エンジニアリング」は別物で、基礎的な科学を研究するところと、実社会への応用を研究するところとがはっきりと線引きされている。もちろん、世界の多くの大学でもこのような構造になっているが、一方で特に北米では、基礎科学を研究している人が社会への応用を意識することも少なからず見受けられ、またその逆方向への転身も比較的容易になっている。基礎と応用の距離が近く、行き来がある。実際、人々も、会社、国立研究所、ベンチャー、大学、政府機関などを渡り歩く例が少なくない。

基礎科学の研究者は、社会との接点は念頭に置いていないことが多い。もちろん、それが結果として大きな社会的影響力を持つブレークスルーに結びつくことは多々あるし、また、社会で実際に役に立つかどうかを常に意識するのでは、そもそも基礎科学の研究とは言えない。だが、もし「これは事業化できるのでは」というアイデアを思いついたら、基礎科学の研究者であっても、ベンチャーを立ち上げてその発想を具体化する道筋をつけてもいいはずだ。大学が勤務条件などの制度的な面でも積極的に事業化を支援したり、ベンチャーキャピタルが投資しやすい環境を作ったりすれば、こうした流れは加速するかもしれない。また、大学教育の段階から、ベンチャーマインドを刺激する機会があってもよいはずだ。実際、理論物理を専攻していたジョーディー・ローズがD-Waveを立ち上げたきっかけの一つも、そのような講義から得たという。

今、大学発のベンチャーは増える傾向にある。工学系の学生や、理学系でも情報科学を専攻する学生が起業するのは珍しくなくなってきた。生命科学系の学生がバイオベンチャーを始めることも増えてきた。それが、物理や数学などの基礎的な分野を研究する学生に広がってもおかしくはない。それには、個人の心がけだけでなく、制度的な後押しがどうしても必要だ。

ソフト面にもフロンティアがある

組み合わせ最適化問題がやっかいなのは、組み合わせの数が膨大になり、それをしらみつぶしに調べていくととても計算が終わらないところだ。もっと効率よく解くためには、近似解を求めるためであっても、それぞれの問題に対してうまいアルゴリズムを考案するしかなかった。ところが量子アニーリングは、最適化問題全般に対して、厳密解ないし精度の良い近似解を求めることができる。しらみつぶしに調べなくてもよくなるということでもある。つまり、調べなくてもよい「不正解」を取り除くフィルターとしても機能するのである。

実際、NASAの量子人工知能研究所の論文ではD-Waveマシンをそのように使う可能性に言及している。[1] 彼らが検討したのは、大規模なネットワーク上、例えば電力網にあるハブやセンサーの欠陥がどこで起こっているのかを、このマシンで発見するという問題だ。複雑なネットワークの上での欠陥を末端の電力計からの測定結果から推定しなければならない。ネットワーク全体の中でどの部分に欠陥があるのかを、末端の少ない情報から探し当てるという極めて難しい問題なのだ。しらみつぶしに探すには膨大な時間がかかる。この問題を解決するのに利用されるのが、やはり組み合わせ最適化問題というわけだ。

そこで厳密解が得られず、近似解が選び出されたとしても「問題がありそうな部分」の候補が得られる。候補がわかれば、それでとりあえず人間が確認をすればいい。従来のやり方よりもはるかに効率がよくなる。

電力網の欠陥や、大規模なシステムの欠陥を100％に近い確率で発見するシステムを作ろうとすると、複雑すぎてなかなか完成しないだろう。不十分であっても従来よりも低コストになるシステムをまずリリースし、フィードバックを得たり初期コストを回収したりしながら、さらに精度の高いものにチャレンジしていく。こういう姿勢が今の時代に新しい分野を切り開いていくのである。

量子アニーリングについては、ハード面では北米がはるかに進んでいる。カナダのD-Waveに加え、グーグル、そしてアメリカ政府のIARPAが、さらなる高性能化に向けて、すでに壮大なレースを繰り広げている。日本が同じような路線で量子アニーリングマシンを今から開発しても、蜃気楼のように目標が遠ざかっていく、長く険しい道になるだろう。度肝を抜くような発想をもとに、まったく違うことをやるしかない。

一方、ソフト面では重要な未解決課題がまだ山積している。量子アニーリングについては、理論的な裏付けがまだまだの状態だ。それに比べて、研究の歴史の長い量子ゲート方式では、よく整備されたきれいな理論がそろっている。量子アニーリングは、率直に言うと「なぜうまく計算できるのかわからない」側面がある。それぞれの例について、個別に少しずつその特徴が調べられているが、全体を見渡す俯瞰的な視野には至っていない。かく言う筆者たちも、手探りの状態で日々苦闘している。量子アニーリングについてもっと理論研究が進めば、どんな組み合わせ最適化問題が高速に解けてどんな問題がそうではないのかが、よりはっきりわかるだろう。そして、実社会への応用もさらに進むようになるだろう。

見方を変えれば、量子アニーリング理論の前にはまだまだ荒野が広がっていて、開拓者精神のある者がひと山もふた山も当てる余地があちこちにあるのだ。この荒野に乗り出すのも、立派なベンチャー精神と言えるだろう。独創性の高い画期的な理論ができれば、それを実現するプロセスの研究が進み、日本における産業化の道筋も見えてくるだろう。急がば回れである。

ムーアの法則を超えて

人工知能開発のためのハードウェアというと、従来の技術を発展させたものがすでに大活躍をしている。アメリカの半導体メーカーＮＶＩＤＩＡの「ＧＰＵ」や、グーグルが開発した「ＴＰＵ」がその例である。

ＮＶＩＤＩＡは、コンピュータのグラフィックス処理のためのチップを開発してきた。「ＧＰＵ」とはグラフィックス・プロセッシング・ユニットの略だ。パソコンや、プロフェッショナル向けのワークステーションなどのために開発されてきたＧＰＵが、機械学習やディープラーニングのための計算を効率よく行えることがわかり、ＮＶＩ

DIA自身も力を入れるようになった。またグーグルのTPUは、テンソル・プロセッシング・ユニットの略で、「ディープラーニング専用プロセッサ」とうたわれている。他社の技術と比べて、「消費電力あたりの性能は10倍」だという。[2] ディープラーニングで使われるテンソル計算を高速に行うためのハードウェアで、「アルファ碁」でも利用された。

こうした専用チップの登場は、人工知能の開発への投資が活発に行われていることが背景になっている。だが、従来の半導体技術をベースにしている限り、「ムーアの法則」の終焉からは逃れられない。「ポスト・ムーア」の方向性は、世界的にも極めて重要な論点になっている。

その有力候補の一つとして、量子アニーリングマシンに注目が集まっているのである。日本でも、大学や研究機関はもちろん、高機能な人工知能の開発に乗り遅れると社運が左右されることになりかねない多くの企業が、関心を抱きはじめている。

ただ、注意しなければならないのは、現状のD-Waveマシンはいわば試作機、実験機であって、すぐに既存技術を置き換える存在ではないということだ。北米でD-Waveマシンを使い始めている企業は、4、5年後あるいはそれ以上の時間スケールで圧倒的な優位性を確保するために、基本ソフトやアプリケーションを含めた基盤技術を自ら開発して独占しようとしているのである。すぐに役に立てようとは思っていないし、すぐには役立たないことは先刻承知である。グーグルにいたっては、検索や広告などの自社製品の品質改良と環境負担の軽減（つまりコスト削減）を目指して、量子コンピュータをハードウェアのレベルから自社開発しようとしているのである。このような中長期にわたる大胆な投資をするダイナミズムを、かつてのように日本企業に取り戻してほしいと願っている。

研究者の意識の変化が新しい社会を作る

2016年6月、量子アニーリングに関する国際会議「AQC2016」がロサンゼルス郊外で開かれた。会場はグーグルのキャンパス内であり、グーグルが独自の量子アニーリングマシンを開発していることを公式発表したりもして、大層な盛り上がりを見せたが、現在の量子アニーリングのコミュニティを象徴するひとコマがあったので紹介したい。

次ページの写真は、量子アニーリングの将来についてのパネルディスカッションの様子である。右から2番目が、本書の筆者の西森である。そのほか、量子アニーリングにおけるキーマンがずらりと並んでいる。この写真から興味深いことが見て取れる。

実はこの7人の中でアメリカ生まれのアメリカ人は、たった1人なのだ。

その他は、大学教育を受けるために他国からアメリカやカナダに移り住み、そのま

量子アニーリングに関する国際会議「AQC2016」のひとコマ。右から２人目が本書の筆者の西森。

ま研究者となった者が大多数だ。アメリカの大学は、世界中から優秀な若者を引き付け、彼らがそのまま居ついて国の発展を支えている。これは、アメリカの圧倒的な強みと言える。また、彼らの大半は、もともと違う分野の研究をしていたのだが、量子アニーリングの活性化とともにこの分野に参入してきた。というより、まだ揺籃期でどう転ぶかわからない量子アニーリングの研究に彼らが大胆にも足を踏み入れて、活性化の立役者として活躍してきたのだ。

それから、この写真には表れていないが、中国からアメリカに渡った若者たちも大勢この分野で活躍している。その中には、飛びぬけて優秀な者もいる。近い将来、彼らの一部でも帰国したり、中国の研究機関と共同研究するようになれば、中国が北米と並ぶ量子アニーリングの拠点として一気に躍り出てくることも現実化してくる。これは、人工知能の分野ではすでに起きている現象だ。

見方を変えれば、日本がもっと存在感を高める道も見えてくる。大学教育の質の向上、大胆かつ迅速な政策立案と実行、企業の長期的姿勢などとともに、学生や研究者の意識の変化も重要になってくるかもしれない。

日本の研究者は、自分の専門分野をなかなか変えようとしない。それはよい点もあるが、「ここにフロンティアがある」と見るや多くの研究者が躊躇なく参入してくるアメリカとは大いに違うところだ。また、基礎的な理論を研究している人は、なかなか応用に近いところをやろうとはしない。だが、量子アニーリングについては、基礎理論と実機への応用がほとんど背中合わせで、基礎をやっていても、その成果は直接応用に結びつくような幅広い影響力を持っている。ずっと基礎的な理論をやっていた人が応用の視点から研究を手がけるようになることにも、ほとんど抵抗がない。分野自体が柔軟性を持っているのだ。

かくいう筆者の2人も、かつては紙とエンピツで純粋な理論だけを追っていた。最近では西森は実機におけるノイズなどの影響を調べて特性を改善する研究に注力している。大関は機械学習を切り口に各種企業との共同研究を推進して、実社会の諸問題の解決に基礎理論を利用した技術の開発などに携わっている。変わろうとすれば変われるのである。

日本が世界をリードする日はくるか

D-Waveが、量子コンピュータ開発の新たな方向性を示して大きな流れを生み出したことは間違いない。だが、まだゴールはほど遠い。新たな試合のルールがわかってきたところであって、本番はこれからだ。やるべきことは山ほど残されており、量子研究の成果が社会へ大きなインパクトを与える可能性が広がっている。例えば、量子アニーリングの基本的な動作原理は、イジング模型のスピンの向きを量子力学でゆらすことにある。そのゆらし方は、現在使われているような単純な横磁場でなくても構わない。

横磁場以外の量子ゆらぎについて、筆者の西森は数年前に、当時の大学院生、関優也とともに、ある条件のもとで驚異的な性能を引き出せる可能性を理論的に示した。世界的にもこのような研究は皆無であり、衝撃の事実として迎えられた。

AQC2016 で講演する本書の筆者の大関。
（講演内容は https://www.youtube.com/watch?v=8dbfF9Y0-BE）

「ＡＱＣ２０１６」の中で、参加者が興味を持ったテーマごとにグループ分けをして、ディスカッションを行う時間が設けられたが、そこでも注目を集めたのは、この横磁場以外の量子ゆらぎの持つ大きな可能性である。世界から来た一流の研究者たちが、そんなことがあるのかとあぜんとしていた。その成果は、Ｄ-Ｗａｖｅだけでなく、グーグルやＩＡＲＰＡの研究開発計画に影響を与え始めている。

さらに同じＡＱＣ２０１６で、本書の筆者である大関は、横磁場以外の量子アニーリングについて、その動作をシミュレートできる新しいアルゴリズムを発表した。紙とエンピツを武器に挑むだけではなく、現行のコンピュータをフルに活用をして、量子アニーリングの限界に迫ろうというアプローチだ。これら日本人による理論研究は世界を大きくリードし、新しい潮流を生み出している。

なお、ＡＱＣ２０１６の講演の一部は、ユーチューブで公開されており、最先端の研究成果を誰でも見ることができる。ＡＱＣ２０１７は東京で開催され、世界の注目が日本に集まる。

人工知能への応用についても、まだ始まったばかりだ。量子アニーリングに関連した動きについて限定すると、サンプリングをするためにＤ-Ｗａｖｅマシンを利用するという基本方針のもと、機械学習で利用する計算方式としての可能性を模索している段階だ。人工知能の飛躍的な進歩には、パターン認識や予測のために多くのデータを活用できるプラットフォームが必要だが、D-Waveマシンで利用される量子ビットの数は、まだ現実の問題にそのまま対応できる規模には遠い。

例えば、自動運転や運転支援技術として、ほかのクルマや歩行者を認識するために車載カメラの画像を利用する場合を考えよう。その画像が白黒で、100×200程度のサイズだったとしても、2万個もの量子ビットを利用する必要がある。白黒ではなくグレースケール、さらにカラーの画像に対応させるには程遠いのだ。

さらに、機械学習そのものの新しい手法も次々と登場しており、ユニークなものも登場している。昔のセピア調の写真から、当時の風景を鮮やかに映し出すカラー画像を復元することもできる。ある程度の数の顔画像と表情を変えた画像を学習させたのちに、自由自在に表情を変えた画像を自動的に生成する技術も登場している。

量子アニーリングと機械学習の最先端同士が結びつくためには、量子ビット数の向上のみならず、機械学習の分野で発展したアルゴリズムとの親和性も求められる。現在の機械学習の研究では、D-Waveマシンなど、量子アニーリングとの親和性を意識した研究は少ない。ここにフロンティアが隠されている。

対象としている問題の特性と量子力学の性質が結びついた革新的なアルゴリズムを作ることで、量子アニーリング研究のみならず量子コンピュータ全体の研究の促進と、機械学習という応用に直接結びついた分野の広がりが融合し、一気に世界の情勢が変わるかもしれない。量子コンピュータと機械学習による新しいパラダイムシフトを引き起こすという意味でのシンギュラリティは、新進気鋭のアイデアと集中して研究に没頭できる環境作りで、十分に到達可能である。

日本は「ものづくり」を得意としてきたが、単によりよいハードウェアを作るための技術競争の面では、一部を除いて行き詰まりを見せている。それが社会を覆う停滞感の一因にもなっている。突破口のヒントは、ソフトとハード双方を踏まえた多角的視点、基礎と応用の融合、分野の垣根を超えた交流、過去の慣習からの決別などにあるだろう。停滞感のある今こそチャンスだという逆転の発想が、新たな日本を生み出すのだ。

日本は人材の国である。島国として資源の量にはどうしても限界があり、教育を始め研究環境の充実などで人材に投資をしてきた過去がある。その結果、優秀な人材が今でもそろっているはずだ。個人や組織が直面している難題からいったん目を離して、気分を変えて外に出てみよう。ひょっとすると隣の人が、とんでもないアイデアを生み出すきっかけをもたらしてくれるかもしれない。行先に詰まったなら、横にすり抜けてみよう。障壁となる壁をすり抜けるトンネル効果を起こすために、まずはいろんなアイデアを「重ね合わせ」るところから始めよう。

1　Alejandro Perdomo-Ortiz et al "A quantum annealing approach for fault detection and diagnosis of graph-based systems", *Eur. Phys.* J. Special Topics, 224, 131 (2015)

2　「米Ｇｏｏｇｌｅが深層学習専用プロセッサ「ＴＰＵ」公表、「性能はＧＰＵの10倍」と主張」ＩＴｐｒｏ、２０１６年5月19日
http://itpro.nikkeibp.co.jp/atcl/column/15/061500148/051900060/

あとがき

量子力学というのは、不思議で魅惑的な学問である。2つの状態が重ね合わされ、同時に存在すると言われて、すぐにすっきり理解できるほうがおかしい。物理学者は、大学3年生あたりで受けた授業以来、耳にタコができるほど聞かされてきただけでなく、自分でも繰り返し言ったり研究で使ったりしているので、慣れっこになっているだけで、本当は心からわかったという気分にはなっていないというのが正直なところである。

そんな無責任な、と言わないでいただきたい。量子力学における確率についての「解釈」の問題はさておいても、量子力学が提示する計算の処方箋はこの上なく明確で、量子力学による定量的な計算結果が実験と食い違った例はない。何をどう計算すれば何がわかるかについては、量子力学の枠組みは極めてはっきりしているし、その結果は全面的に信頼できる。そういう学問である。

その量子力学を計算に利用するのが量子計算であり、そのための装置（ハードウェア）が量子コンピュータである。量子計算に限らず古典であっても、「計算」というのは、物理のような自然科学とは軸足が微妙に違う。物理の理論は、実験とよく整合性が取れているかどうかが、その正しさの判定基準であり、価値基準である。すでにある実験をよく説明し、新たな実験をすれば何がわかるかを正しく予言するのが、よい理論である。役に立つかどうかはまったく関係がない。実験物理も同様だ。ノーベル物理学賞受賞が決まったとき、「その研究は、どういう役に立ちますか」という陳腐な質問をするメディアに対して、「まったく役に立ちません」と断言する小柴昌俊教授に爽快感を覚えたのは、筆者が本来は物理学者だからだろう。

「本来は」と言ったのは、「計算（コンピューティング）」になると、役に立つことが価値判断に入ってくるからだ。どんなに見事な計算理論であっても、実際のコンピュータ上で計算をするのに、間接的ではあっても何らかの形で役立ち、ひいては社会のためにならなければ、存在意義が薄い。純粋数学や理論物理とは違うのだ。この意味において、量子アニーリング方式の量子コンピュータが実際に作られ、それをめぐって社会が動き始めたのは、感慨深いところである。

量子コンピュータについては、ややもすると誤解に基づいた過剰な期待を抱いている人もいるようである。量子ゲート方式であれ、量子アニーリング方式であれ、現在使われているコンピュータに取って代わる次世代の超高速コンピュータではない。量子ゲート方式の量子コンピュータはどんな計算でもできるが、その開発にかかる膨大なコストに見合う使い方をする必要がある。現在のコンピュータでできることをそのまま量子コンピュータにやらせるのは、壮大なムダづかいである。ある種の量子シミュレーションや機械学習など、現在のコンピュータではとてもできない特殊な大規模計算だけを、量子コンピュータに託すのだ。量子アニーリングでも同じことである。量子コンピュータが広く実用的に使われるようになっても、現在使われているタイプのコンピュータと長い期間にわたって共存するだろう。

D-Waveが量子アニーリング方式の量子コンピュータを作っているという話が出始めていた2000年代後半までは、D-Waveは怪しい企業で、まともな研究者は相手にしてはいけないという雰囲気が学界に蔓延していた。筆者の西森は、2010年に開かれた、統計力学に関する大きな国際会議で量子アニーリングについて総合講演をした際に、「D‐Waveという企業がこのアイディアを実現しようとしている」と話したところ、講演終了後にある重鎮がやってきて、「D‐Waveの話をすると信用を失うぞ」とわざわざ忠告してくれたことを覚えている。このころから潮目が変わり始めたことは本の中で述べたとおりで、幸いにもまだ信用を失うに至らずにいる（と思っている）。そのころD‐Wave批判の急先鋒だったMIT（当時）のスコット・アーロンソンも、現在ではすっかりおとなしくなっている。

もっとも、研究の健全な発展に批判は必要だ。アーロンソンをはじめとする人たちのするどい批判により、何が問題で、それを解決するには何がわかればよいかが明確になり、その後の展開が進んだ面もある。彼らは、実は、D‐Waveに雇われていたのではないかと思ってしまうほどだ。それにしても、四面楚歌の中でも、まったくめげずに研究開発を続けたジョーディー・ローズや彼の同僚たちの固い決意、それを支えた投資家には脱帽だ。こうした人物たちの存在は、日本では想像できない。制度や意識を変えればうまくいくという話とは、一線を画している。文化まで踏み込まなければいけないかもしれない。

2013年ごろから、日本でもメディアがD‐Waveに注目するようになった。

グーグルが導入したという事実の衝撃は大きかった。両筆者とも、ウェブメディア、専門誌、一般紙、テレビ、ラジオなどで量子アニーリングの解説をする機会を何度か得たが、「難しい」が「面白そうだ」という反応が多かった。西森は、ＮＨＫの「サイエンスＺＥＲＯ」[1]に出たとき、この番組の長年のファンである家人から、「あなたの回は、わからなさが抜群だった」とほめてもらった。それでも、この回の視聴率は他の回よりかなり高かったと聞いている。「量子」という言葉に魅力、いや魔力さえ感じる人は多いようだ。物理学者は、量子に魔力はまったく感じないが、魅力は強く感じている。ともかく、奥深い分野である。

今回、量子アニーリングの話を書籍にまとめる企画をいただき、難しい課題だが、チャレンジしてみることにした。式を使わずに量子力学を語るのは、両手両足を縛って徒競走に出るのに等しい。あまり競おうとせず、じっくりと進めばよいと腹をくくることにした。

どれだけわかりやすく書けたかは、読者の判定を待つしかないが、一カ所でも面白いと感じてもらえるところがあれば、最低限の目標はクリアしたことになると思っている。

本書を執筆するに当たっては、日経BP編集部の竹内靖朗さん、ライターの片瀬京子さんには、並々ならぬお世話になった。心より感謝したい。

２０１６年11月
西森秀稔
大関真之

1 「サイエンスZERO ついに出た⁉ 夢の〝量子コンピューター〟」NHKオンデマンド https://www.nhk-ondemand.jp/goods/G2014055542SA000/

企業・大学・団体

人名

な行

は行

ま行

や行

ら行

さ行

た行

索引

[著者]
西森秀稔（にしもり・ひでとし）

東京工業大学理学院教授
1954年高知生まれ。1977年、東京大学理学部物理学科を卒業。1981年、カーネギーメロン大学で博士研究員となる。1982年、東京大学大学院博士課程を修了し理学博士を取得、ラトガース大学博士研究員に着任。1990年、東京工業大学理学部物理学科の助教授に就任。1996年より現職。
1990年に日本IBM科学賞、2006年に仁科記念賞、2014年に日本イノベーター大賞を受賞。
著書に『スピングラス理論と情報統計力学』（岩波書店）、『相転移・臨界現象の統計物理学』（培風館）、『物理数学II —フーリエ解析とラプラス解析・偏微分方程式・特殊関数』（丸善出版）、『Statistical Physics of Spin Glasses and Information Processing: An Introduction』（Oxford University Press）、共著『Elements of Phase Transitions and Critical Phenomena』（Oxford University Press）など。

[著者]
大関真之（おおぜき・まさゆき）

東北大学大学院情報科学研究科応用情報科学専攻准教授
1982年東京生まれ。2008年、東京工業大学大学院理工学研究科物性物理学専攻博士課程早期修了。東京工業大学産学官連携研究員として量子アニーリングの研究に従事したのち、ローマ大学物理学科研究員、京都大学大学院情報学研究科システム科学専攻助教を経て、2016年10月から現職。
2012年に第6回日本物理学会若手奨励賞、2016年に平成28年度文部科学大臣表彰若手科学者賞受賞。
著書に『機械学習入門　ボルツマン機械学習から深層学習まで』（オーム社）がある。

量子コンピュータが人工知能を加速する

2016年12月13日　第1版第1刷発行
2017年10月25日　第1版第4刷発行

著　者　西森秀稔、大関真之
発行者　村上 広樹
発　行　日経BP社
発　売　日経BPマーケティング
〒105-8308　東京都港区虎ノ門4-3-12
編　集　竹内靖朗
編集協力　片瀬京子
装　丁　岩瀬聡
制作　アーティザンカンパニー
印刷・製本　大日本印刷株式会社

ISBN978-4-8222-5189-5
本書籍に関するお問い合わせ、ご連絡は下記にて承ります。
http://nkbp.jp/booksQA

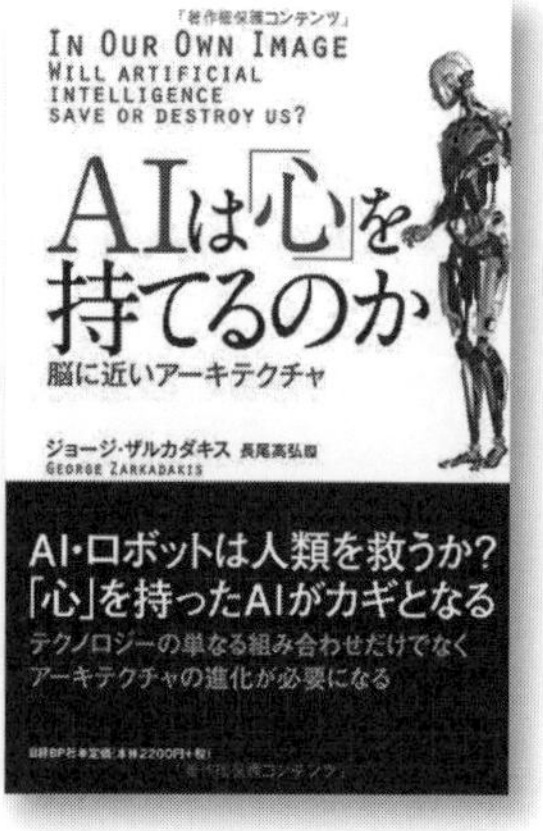

AIは「心」を持てるのか

ジョージ・ザルカダキス(著)
長尾高弘(訳)
定価:[本体2200円+税]

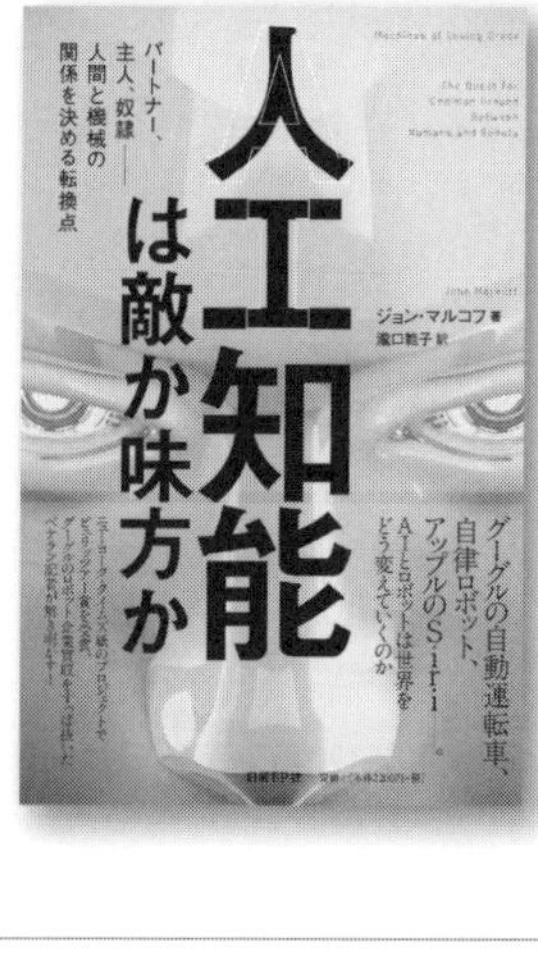

人工知能は敵か味方か

ジョン・マルコフ(著)
瀧口範子(訳)
定価:[本体2200円+税]

人工知能を知る日経BP社の好評既刊

AI時代の勝者と敗者

トーマス・H・ダベンポート、
ジュリア・カービー（著）
石﨑雅之（解説）
山田美明（訳）
定価：[本体2100円＋税]

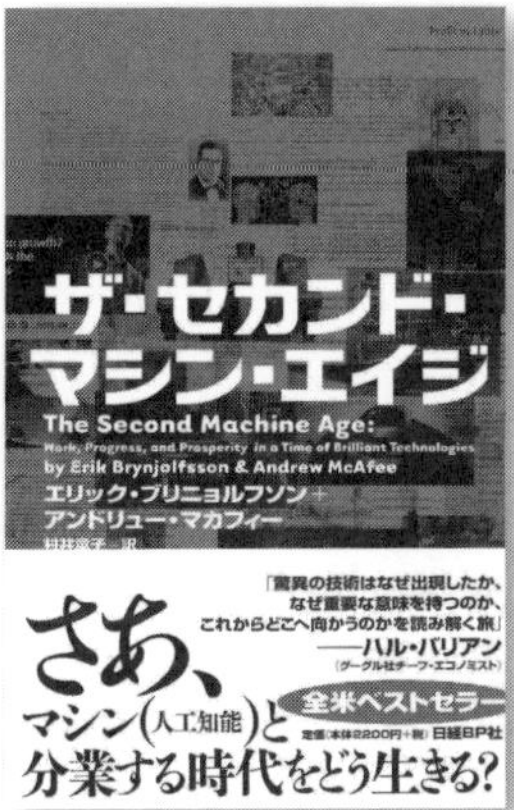

ザ・セカンド・マシン・エイジ

エリック・ブリニョルフソン、
アンドリュー・マカフィー（著）
村井章子（訳）
定価：[本体2200円＋税]